层状钴基氧化物的掺杂
及热电性能研究

赵利敏　著

U0235965

黄河水利出版社

·郑　州·

图书在版编目(CIP)数据

层状钴基氧化物的掺杂及热电性能研究/赵利敏著
.—郑州:黄河水利出版社,2022.9
ISBN 978-7-5509-3361-3

Ⅰ.①层… Ⅱ.①赵… Ⅲ.①金属基复合材料-热电
转换-研究 Ⅳ.①TB333.1

中国版本图书馆 CIP 数据核字(2022)第 159535 号

策划编辑:张倩 QQ:995858488 电话:13837183135

出 版 社:黄河水利出版社 网址:www.yrcp.com
　　　　地址:河南省郑州市顺河路黄委会综合楼 14 层 邮政编码:450003
发行单位:黄河水利出版社
　　　　发行部电话:0371-66026940、66020550、66028024、66022620(传真)
　　　　E-mail:hhslcbs@ 126. com
承印单位:河南新华印刷集团有限公司
开本:890 mm×1 240 mm 1/32
印张:3.5
字数:100 千字 印数:1—1 000
版次:2022 年 9 月第 1 版 印次:2022 年 9 月第 1 次印刷

定价:68.00 元

前　言

　　氧化物热电材料因具有耐高温、抗氧化、寿命长、制备方便等优点，近年来受到广泛关注。其中，层状结构氧化物 $NaCo_2O_4$、$Ca_3Co_4O_9$ 和 $Bi_2M_2Co_2O_y$（$M=Ba,Sr,Ca$）是氧化物热电材料中性能较好的一类，在热电发电领域的应用潜力很大。本书选取具有层状结构的两类钴基氧化物热电材料——$Ca_3Co_4O_9$ 和 $Bi_2M_2Co_2O_y$（$M=Ba,Sr,Ca$）为研究对象，利用固态反应法制备了元素 Bi 和 Cu 掺杂的 $Ca_3Co_4O_9$ 样品，元素 Cu、Pb、La 掺杂的 $Bi_2M_2Co_2O_y$ 样品，考察了元素掺杂对样品微观结构和热电性能的影响。

　　结果表明，通过传统的无压烧结方法可以制备出具有织构结构的 $Ca_{2.7}Bi_{0.3}Co_4O_9$ 样品。Bi 元素的出现促进片状晶粒的滑移与堆垛，从而形成 c 轴取向结构。具有织构结构的 $Ca_{2.7}Bi_{0.3}Co_4O_9$ 样品 ab 面内的电导率是沿 c 轴电导率的 4 倍，而两个方向的塞贝克系数基本相同。因此，与 $Ca_3Co_4O_9$ 样品相比，具有织构结构的 $Ca_{2.7}Bi_{0.3}Co_4O_9$ 样品 ab 面内的功率因子显著提高。

　　XRD 和 SEM 实验表明，当烧结温度低于 1 223 K 时，$Ca_{2.7}Bi_{0.3}Co_4O_9$ 样品的取向因子随烧结温度的提高而增大。当烧结温度为 1 243 K 时，$Ca_{2.7}Bi_{0.3}Co_4O_9$ 会因放氧而分解，虽然在冷却的过程中被释放的氧能够重新吸回，但氧的释放和吸附过程会破坏晶体的织构结构。高度取向的 $Ca_{2.7}Bi_{0.3}Co_4O_9$ 氧化物仅能在温度为 1 203~1 223 K 制备。

　　尽管取向度有所下降，元素 Cu 和 Bi 同时掺杂能够进一步增大 $Ca_{2.7}Bi_{0.3}Co_{3.7}Cu_{0.3}O_9$ 样品的晶粒尺寸和电导率，因此 Cu 和 Bi 同时掺杂样品具有更好的高温热电性能。

Cu 元素部分替代 Co 元素也提高了 $Bi_2M_2Co_2O_y$($M = Ba$, Sr)两个体系样品的电导率和塞贝克系数。因此,对这两个体系而言,Cu 元素掺杂能够有效提高其热电性能。而对于 $Bi_2Ca_2Co_2O_y$ 体系而言,Cu 元素部分替代 Co 元素提高了电导率,但塞贝克系数随之降低。

对于 $Bi_2M_2Co_2O_y$($M = Ba$, Sr)体系,元素 Pb 和 La 掺杂导致样品的电导率和塞贝克系数同时增大。而对于 $Bi_2Ca_2Co_2O_y$ 体系,元素 Pb 和 La 掺杂提高了样品的电导率,降低了样品的塞贝克系数。总的来讲,元素 Pb 和 La 掺杂也是一种能够有效地提高 $Bi_2M_2Co_2O_y$($M = Ba$, Sr, Ca)体系热电性能的方法。

作 者

2022 年 3 月

目　录

1 绪 论

随着世界经济的高速发展,能源和环境问题日益突出。一方面,能源的短缺使得低品位热能(如工业废热、余热,地热,太阳能等)的开发与利用显得越来越重要;另一方面,由于传统空调、冰箱使用的制冷剂对环境的危害,开发一种性能优越、对环境无害的制冷方式已经成为全球制冷技术研究领域的一个重要课题。因此,作为将热能和电能直接转换的功能性材料,热电材料以其在温差发电和低温制冷领域的应用价值再次受到关注。

1.1 热电效应及其应用

与热电转换有关的基本效应有三个:塞贝克效应(Seebeck effect)、珀尔帖效应(Peltier effect)和汤姆逊效应(Thomson effect)。基于这三个效应可以制造出实现热能与电能之间相互转换的热电器件。

塞贝克效应指的是当一个材料 A 的两端存在温差 ΔT 时,热端的载流子(电子或空穴)就会向冷端扩散,从而在导体内部产生一个内电场以阻止进一步的扩散,这样样品的两端就存在一个电势差 ΔV。如图 1-1 所示,在开路的情况下,材料 A 的绝对塞贝克系数定义为:

$$S_A = \frac{\Delta V}{\Delta T} \tag{1-1}$$

规定 p 型半导体材料的塞贝克系数(Seebeck 系数)为正,n 型半导体材料的塞贝克系数为负。但是在实际测量中,总是需要用其他材料 B 作为导线来对此电势差进行测量,因此电压表所测电

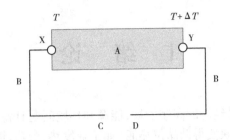

图1-1 热电效应示意图

势差 V_{CD} 就包含了导线 B 所产生的温差电势：

$$V_{CD} = S_A \Delta T - S_B \Delta T \qquad (1-2)$$

用电势差 V_{CD} 计算出来的塞贝克系数称为 A 相对于 B 的塞贝克系数：

$$S_{AB} = S_A - S_B \qquad (1-3)$$

实际测量时往往是使用已知其绝对塞贝克系数 S_B 的材料 B 作为连接线，先测量 A 相对于 B 的塞贝克系数 S_{AB}，然后扣除连接线的贡献后得到待测材料的绝对塞贝克系数 S_A。

与塞贝克效应相反的现象是珀尔帖效应。若在图 1-1 中的 C、D 两点施加一个电动势，在 A 和 B 两种导体构成的回路中将会有电流 I 通过，同时还将伴随着在导体的其中一个接头处（例如 X）出现吸热，而在另一个接头处（例如 Y）发生放热的现象。珀尔帖效应的产生来自两种材料载流子的熵的差异。当载流子从高熵材料流入低熵材料时，则连接处放热。反过来，当载流子从低熵材料流入高熵材料时，则连接处吸热。假设接头处的吸热（或放热）速率为 Q，实验发现，该吸（放）热速率 Q 与回路中的电流 I 成正比，即

$$Q = \Pi_{AB} I \qquad (1-4)$$

式中，Π_{AB} 为比例系数，定义为珀尔帖系数。珀尔帖效应反映的是当载流子流经导体时，它同时携带着热能。

当回路中同时存在温度梯度和有电流通过时，则在回路中除

产生和电阻有关的焦耳热外,还要吸收和放出热量,这个效应称为汤姆逊效应。在单位时间和单位体积内吸收和放出的热量与电流密度和温度梯度成正比,即

$$\frac{dQ}{dt} = \beta I \frac{dT}{ds} \qquad (1-5)$$

式中,β 为汤姆逊系数;s 为空间坐标。

塞贝克系数、珀尔帖系数和汤姆逊系数可通过开尔文关系式将它们联系起来,即

$$\beta_A - \beta_B = T \frac{dS_{AB}}{dT} \qquad (1-6)$$

$$\Pi_{AB} = S_{AB} T \qquad (1-7)$$

热电发电和热电制冷是应用热电效应作为能量转换的两种形式。图 1-2 是由一组 p 型和 n 型半导体组成的热电器件单元的工作原理图,p 型和 n 型半导体之间通过导流片相连。图 1-2(a)为热电发电原理。如图 1-2(a)所示,当热源给器件的上极板加热时,根据塞贝克效应,这时在器件的两极之间就会产生电势差。图 1-2(b)为热电制冷原理。当回路中通以如图 1-2(b)所示电流 I 时,根据珀尔帖效应,这时在该器件的顶端会吸收热量从而制冷。

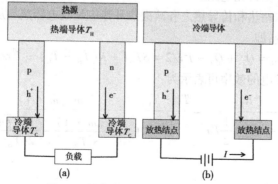

图 1-2　热电发电、热电制冷工作原理

1.2 热电转换效率

热电转换效率是描述热电转换器件性能的重要参数。考虑如图 1-2(a) 中所示的热电发电装置:p 型和 n 型的元件在热端用一个金属片连接起来,在冷端外接一个电阻值为 R_L 的电阻。半导体元件的长度为 L,横截面面积为 s,冷端和热端的温度分别为 T_C 和 T_H,κ_1、κ_2,ρ_1、ρ_2,S_1、S_2 为 p 型和 n 型的元件材料的热导率、电阻率和热电势,则总的热导 $K = K_1 + K_2 = (\kappa_1 + \kappa_2)s/L$,总电阻 $R = r_1 + r_2 = (\rho_1 + \rho_2)L/S$,总的热电势 $S = S_1 - S_2$。

热电发电的效率定义为:

$$\phi = \frac{P}{Q_H} \tag{1-8}$$

式中,ϕ 为发电效率;P 为输出到负载上的电能;Q_H 为热端的吸热量。

对于图 1-2(a) 所示装置,P 可写为 $P = I^2 R_L$,其中电流 I 可表示为 $I = V/(R_L + r) = S(T_H - T_C)/(R_L + r)$,其中,$S(T_H - T_C)$ 为回路中产生的总塞贝克电压。

珀尔帖热和传导热之和减去焦耳热应是发电器热端从热源吸收的热量,即

$$Q_H = Q_1 + Q_2 - I^2 r/2 = S T_H I + K(T_H - T_C) - I^2 r/2 \tag{1-9}$$

则热电发电的效率可表示为:

$$\phi = \frac{I^2 R_L}{Q_1 + Q_2 - \frac{1}{2}I^2 r} = \frac{T_H - T_C}{T_H} \frac{m/(m+1)}{1 + \dfrac{Kr(m+1)}{S^2 T_H} - \dfrac{1}{2}\dfrac{T_H - T_C}{T_H(m+1)}}$$

$$\tag{1-10}$$

式中,$m = R_L/r$。

从式(1-10)可以看出,热电发电的效率完全由器件热端和冷

端的温度,即 Kr/S^2 的值以及比例因子 m 的值决定。其中,Kr/S^2 的值通常被定义为 $1/Z$。对于给定的材料性能和温差,热电发电效率将随比值 m 而变比。若令 $\partial\phi/\partial m = 0$,可以求得当负载电阻 R_L 和器件内阻 r 的比值满足下列关系:

$$m = m_{OPT} = \sqrt{1 + \frac{1}{2}Z(T_H + T_C)} \qquad (1\text{-}11)$$

时发电器件具有最大的发电效率。其数值为

$$\phi_{max} = \frac{T_H - T_C}{T_H}\frac{m_{OPT} - 1}{m_{OPT} + T_C/T_H} \qquad (1\text{-}12)$$

式(1-12)右边的第一项就是卡诺循环效率,第二项描述的是热传导和焦耳热而产生的不可逆损失,进而使得热电发电的效率低于卡诺循环效率的量。

同样,热电制冷的效率可表述为

$$\phi_{max} = \frac{T_H - T_C}{T_H}\frac{\sqrt{1 + ZT_{AVE}} - T_H/T_C}{\sqrt{1 + ZT_{AVE}} + 1} \qquad (1\text{-}13)$$

从式(1-12)和式(1-13)可见,决定热电转换器件效率的因素主要有两个:一是冷端和热端的温差。事实上,对于所有的热机,该项都很重要。另一个是材料的品质因子 Z,其表达式可进一步简化为

$$Z = \frac{S^2}{\rho\kappa} \qquad (1\text{-}14)$$

式中,S 为塞贝克系数;ρ 为电阻率;κ 为热导率。

由于品质因子的单位为绝对温度 K 的倒数,通常使用的都是无量纲的品质因子 ZT。较好的热电材料必须具有较大的塞贝克系数(S),从而保证有较明显的温差电效应;同时要有较小的热导率(κ),使热量能保持在接头附近;还要求电阻率(ρ)较小,使产生的焦尔热最小。

1.3　热电性能的影响因素

热电材料的转化效率由品质因子 Z 值来评价。材料的 Z 值只与这三个物理参数(塞贝克系数 S、电导率 σ 和热导率 κ)有关。这三个物理参数本质上是由声子和载流子的输运机制决定的。

1.3.1　电导率

材料的导电能力可用电导率来表示,公式为

$$\sigma = ne\mu \qquad (1\text{-}15)$$

式中,n 为载流子(电子和空穴)浓度;e 为电子电量;μ 为载流子迁移率。

根据费米-狄拉克统计,非简并半导体导带中的电子载流子浓度可表示为

$$n = 2\frac{(2\pi m_n^* k_B T)^{3/2}}{h^3}\exp\left(-\frac{E_c - E_F}{k_B T}\right) \qquad (1\text{-}16)$$

价带中的电子载流子浓度可表示为

$$p = 2\frac{(2\pi m_n^* k_B T)^{3/2}}{h^3}\exp\left(\frac{E_v - E_F}{k_B T}\right) \qquad (1\text{-}17)$$

式中,m_n^* 为载流子有效质量;k_B 为波尔兹曼常数;T 为绝对温度;h 为普朗克常数;E_c、E_F、E_v 为导带底能量、费米能和价带顶能量。

对于费米能级进入导带(n 型)的简并半导体,电子浓度可表示为

$$n = \frac{4\pi(2m_n^* k_B T)^{3/2}}{h^3}F_{1/2}(\delta) \qquad (1\text{-}18)$$

$$F_n(\delta) = \int_0^\infty \frac{x^n}{1 + \exp(x - \delta)}\mathrm{d}x \qquad (1\text{-}19)$$

称为费米积分,其中 $x = (E - E_c)/(k_B T)$,$\delta = (E_F - E_c)/(k_B T)$。

对于费米能级进入价带(p 型)的简并半导体,空穴浓度可表示为

$$p = \frac{4\pi(2m_p^* k_B T)^{3/2}}{h^3} F_{1/2}(\delta) \tag{1-20}$$

迁移率是指载流子在单位电场作用下的平均漂移速度,即载流子在电场作用下运动速度快慢的量度,运动得越快,迁移率越大;运动得越慢,迁移率越小。载流子迁移率的大小取决于对载流子的散射。对于不同的散射机构,迁移率与温度的关系可表示如下。

电离杂质散射为

$$\mu_i \propto N_i^{-1} T^{3/2} \tag{1-21}$$

声学波散射为

$$\mu_s \propto T^{-3/2} \tag{1-22}$$

光学波散射为

$$\mu_0 \propto \left[\exp\left(\frac{h\nu_1}{k_B T}\right) - 1 \right] \tag{1-23}$$

式中,N_i、ν_1、k_B、h、T 为电离杂质浓度、光学波频率、波尔兹曼常数、普朗克常数和绝对温度。

1.3.2 塞贝克系数

一般来讲,塞贝克效应是由载流子扩散和声子引曳发生共同作用的结果。根据近自由电子近似模型,Mott 给出了金属材料扩散部分的塞贝克系数的表达式,即

$$S(T) = \left(\frac{\pi^2 k_B^2 T}{3e}\right) \{ d[\ln\sigma(E)]/dT \}_{E=E_F} \tag{1-24}$$

假定电导率正比于电子态密度且载流子的平均自由程与温度无关,则式(1-24)可简化为

$$S(T) \approx \frac{\pi^2 k_B^2 T}{3eE_F} \qquad (1\text{-}25)$$

因此,金属的塞贝克系数正比于温度,与费米面的性质密切相关。但是,由于电子-声子散射、电子-磁振子散射、杂质散射,以及复杂的能带结构等因素的影响,一些呈现金属性材料的塞贝克系数与温度的关系往往偏离线性关系。其中,声子引曳效应对塞贝克系数的贡献 S_g 正比于晶格比热,与 T^3 成正比。因此,考虑到声子引曳,塞贝克系数可表述为

$$S = S_0 + S_1 T + S_2 T^3 \qquad (1\text{-}26)$$

对于低温区的铁磁性材料,考虑到磁振子散射的影响,塞贝克系数可表述为

$$S = S_0 + S_{1.5} T^{1.5} + S_4 T^4 \qquad (1\text{-}27)$$

式中,$S_{1.5} T^{1.5}$ 为磁振子散射对塞贝克系数的贡献;$S_4 T^4$ 为铁磁相材料的自旋波起伏造成的。

对于 p 型或 n 型半导体材料,塞贝克系数可以表示为

$$S = \frac{k_B}{e} \left(\frac{5}{2} + \gamma + \frac{E_F - E_v}{k_B T} \right) \qquad (1\text{-}28)$$

$$S = -\frac{k_B}{e} \left(\frac{5}{2} + \gamma + \frac{E_c - E_F}{k_B T} \right) \qquad (1\text{-}29)$$

式中,γ 为散射因子。

1.3.3 热导率

热传导是指热量在温度梯度下从高温处向低温处的流动过程,是热能在固体内的输运过程。热传输的载体包括声子、电子、空穴及光子等,这个输运过程主要是通过载流子的运动和晶格振动来实现的。对于处于非本征激发区的半导体材料,热导率是由晶格热导率(κ_1)和载流子热导率(κ_e)两部分组成的,公式为

$$\kappa = \kappa_1 + \kappa_e \qquad (1\text{-}30)$$

式中,载流子热导率可由 Wiedemann-Franz 定理求出:

$$\kappa_e = L\sigma T \qquad (1\text{-}31)$$

式中,L 为洛仑兹(Lorenz)常数。当材料处于强简并情形时(对大多数金属成立),洛仑兹常数是与固体无关的普适常数,大小为 2.45×10^{-8} W·Ω/K^2。但当材料为非简并状态时,$L = (k/e)^2 (\gamma + 5/2)$,它与晶体中载流子的散射机制有关。

假设声子在两次散射间的平均自由程为 λ_{ph},晶体中的晶格热导率 κ_l 可表示为

$$\kappa_l = \frac{1}{3} C_V \lambda_{ph} \bar{v}_{ph} \qquad (1\text{-}32)$$

式中,C_V 为材料的体积热容;$\bar{v}_{ph}$ 为声子的平均速率。

声子在实际晶体中运动时,会受到各种机制的散射,如与其他声子的碰撞,即声子间散射、晶界散射、杂质散射及载流子对声子的散射等,使得声子热导率远低于理想晶体的声子热导率。声子间的散射在温度高于德拜温度时迅速增强,故要想通过增强声子间散射以减少声子热导率就应设法降低材料的德拜温度。在低温下,线或面缺陷对低频长波声子的散射较大,因此通过增加位错、晶界密度,可降低声子热导率;而在高温下,点缺陷对高频短波声子的散射较大,所以通过固溶合金引入点缺陷,可降低材料的声子热导率。合金系统的晶格热导率的下降,很大部分就是利用合金产生的点缺陷对高频声子的散射造成的。另外,晶粒尺寸大小对声子热导率也有很大的影响。随着晶粒细化,由于材料晶界密度增加,晶界对高频声子产生的散射增强,从而使晶界散射能在较高温度下起主导作用。采用超细晶、纳米晶热电材料,可使声子热导率得到很大程度的降低。

1.4　层状氧化物热电材料的研究现状

自从 19 世纪 80 年代塞贝克效应和珀尔帖效应被相继发现后,基于热电效应研发的固态制冷和发电装置就为人们所知。然而,直到 20 世纪 30 年代这种固态热电制冷和发电装置才真正为人们所重视,相关热电材料的研究才得以广泛展开并在随后二十多年里获得了蓬勃发展。人们先后发现了性能优良的热电材料 Bi_2Te_3 及其合金、PbTe 及其合金和 SiGe 合金。其中 Bi_2Te_3 及其合金的品质因子最高,其 ZT 值在室温附近达到最大,约为 1,是常用的热电制冷材料。PbTe 及其合金和 SiGe 合金的性能次之,其 ZT 值在中温和高温时达到最大值,通常被用作中温和高温的热电发电材料。然而在 20 世纪 60~90 年代,热电材料研究进展却非常缓慢,最大的 ZT 值依旧在 1 左右徘徊。90 年代后,热电材料的研究发生了很大的改观。一方面,人们用新方法、新手段来改善和提高传统热电材料的综合性能;另一方面,一些新思路、新途径也不断被提出用于开发新型热电材料。目前,对于传统热电材料改良的研究主要集中在 Bi_2Te_3 基化合物及其固溶体合金。而有关新型热电材料的研究开发所提出的新思路主要有电子晶体声子玻璃(PGEC)。基于该思路,人们发现或重新研究了几种具有潜在高 ZT 值的材料,如 Skutterudite、Clathrates、Half-Heusler 合金等。目前具有较高品质因子的热电材料大多是金属合金与金属化合物,将这些材料用于废热的热电发电等场合会带来一系列的问题,如熔点较低,易分解,不适宜于在氧化环境中使用等。在这些场合如果采用氧化物热电材料则可完全避免上述问题。但是,由于氧化物材料中的化学键通常表现出较强的离子性,电子往往处于局域态,相对于其他热电材料,这种材料中的载流子迁移率很低,因而长期以来人们一直认为氧化物材料的电导率太低而不太可能获

得较高的 ZT 值,有关这种材料的研究开发也一直被人们所忽视。

1.4.1　NaCo₂O₄ 氧化物

1997 年,日本学者 Terasaki 在研究超导材料时,发现 $NaCo_2O_4$ 具有优良的热电性能,其单晶的室温塞贝克系数可达 100　$\mu V/K$, 且电阻率仅为 200　$\mu \Omega \cdot cm$,从而打破了氧化物属于离子晶体、迁移率小、电导率低、不适合应用于热电领域的传统观点,掀起了氧化物热电材料研究的浪潮。在这之中,具有层状结构的钴氧化物热电材料被认为具有较好的应用前景,是当前氧化物热电材料研究的重点。层状钴基氧化物家族具有共同的结构特征:由 CdI_2 型 CoO_2 共边氧八面体层和岩盐层(或 Na^+ 层)沿 c 轴堆垛而成,并且沿 b 轴方向有一定的错配结构,由于变形氧八面体 CoO_2 层特殊的结构,这一家族具有窄带强关联的电子结构特征。这种层状结构和窄带强关联的电子结构特征是层状钴基氧化物具有优良热电性能的主要原因。

$NaCo_2O_4$ 是一种具有层状结构的过渡型金属氧化物,其晶体结构如图 1-3 所示。它是由 $Na_{0.5}$ 层和三角格子结构的 CoO_2 层沿 c 轴方向交替排列叠加成的层状结构,呈高度二维特性。Na 处于 CoO_2 层之间,$Na_{0.5}$ 层呈无序排列,具有 1/2 原子空位。$Na_{0.5}$ 层和 CoO_2 层在 a 轴和 c 轴方向上具有相同的晶格常数,而在 b 轴方向上两种亚结构存在点阵错配。Na 层像个无定形固体,高度无序,看起来像个平面声子玻璃,对声子能起到很好的散射作用。层内和层间都呈不同的热电传输特性,因此其晶体塞贝克系数、电导率和热导率都呈各向异性。

许多研究阐述了 $NaCo_2O_4$ 的阳离子置换对热电性能的影响。阳离子置换包括 Na 位和 Co 位置换。H. Yakabe 等研究了原子比为 5% 的 Ca、La、Li、Ag 在 Na 位掺杂后对高温热电性能的影响。其结果显示所有的掺杂均导致晶格热导率和热电系数的增大;Ag

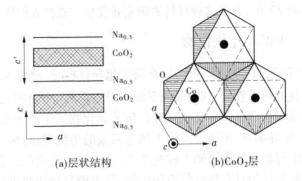

(a)层状结构   (b)CoO$_2$层

图 1-3 NaCo$_2$O$_4$ 晶体结构示意图

掺杂使电阻率降低,而其他掺杂均导致其增大。

K. Park 等利用 Cu 对 NaCo$_2$O$_4$ 中的 Co 位进行了取代,采用固相反应法制备出了多晶材料。研究发现,样品的电导率随着温度的升高而降低,呈明显的金属特性,但其塞贝克系数随着温度的升高而增大,表明 Cu 部分替代 Co 提高了 NaCo$_2$O$_4$ 的塞贝克系数。

Ito 等利用 Cr、Mn、Fe、Ni、Zn 对 NaCo$_2$O$_4$ 中的 Co 位进行了替代。所有掺杂均导致 400~1 000 K 的电阻率显著增大,除 Fe 掺杂导致塞贝克系数减小外,其他掺杂均导致塞贝克系数提高。Mn 掺杂的样品具有较细的晶粒度且小孔较多,因而有效地降低了晶格热导率。

一些研究者研究了 Na 的非计量性对热电性能的影响。在理论方面,Singh 报道了 NaCo$_2$O$_4$ 的电子结构和传输性质,提出了 NaCo$_2$O$_4$ 优良的热电性能来自强关联的 CoO$_2$ 层。Ray 通过 NMR 研究报道了 Co 离子的自旋态和氧化态的性质,Co 离子的低自旋态和混合氧化态是高热电性能的原因。NaCo$_2$O$_4$ 的热电输运机制也是当前研究的一个热点。Koshibae 等认为 NaCo$_2$O$_4$ 是强电子关联体系,电子自旋和轨道的简并是其同时呈现金属导电特性和较好热电性能的原因。

目前,$NaCo_2O_4$ 单晶的 ZT 值在 1 000 K 时已经超过 1。尽管 $NaCo_2O_4$ 具有良好的热电性能,但温度超过 1 073 K 时,Na 的挥发会限制该材料的应用。因此,人们开展了对其他层状结构氧化物的研究,其中最典型的就是 $Ca_3Co_4O_9$ 氧化物。

1.4.2　$Ca_3Co_4O_9$ 氧化物

$Ca_3Co_4O_9$ 属于单斜晶系,由 CoO_2 变形共边氧八面体层和变形的 Ca_2CoO_3 岩盐层组成。从图 1-4 可以看出,在 $Ca_3Co_4O_9$ 晶体中存在两种不同形式的 Co-O 层沿 c 轴方向交替堆砌。一层是由一个中心 Co 原子外加 6 个环绕的 O 原子组成的八面体共棱连接而成,这一层与 $NaCo_2O_4$ 中的 CoO_2 层结构相同;另一层是由 Ca-Co-O 形成岩盐结构即 Ca_2CoO_3 层。电导主要发生在 CoO_2 层内,Ca_2CoO_3 可以被看作电荷储藏库,为 CoO_2 提供空穴。$Ca_3Co_4O_9$ 的这种结构和 $NaCo_2O_4$ 极为相似,不同之处是在 $NaCo_2O_4$ 中两个 CoO_2 层之间插入的是随机分布的 Na^+,而在 $Ca_3Co_4O_9$ 中插入的则是三层 Ca_2CoO_3 岩盐层。与 $NaCo_2O_4$ 一样,$Ca_3Co_4O_9$ 在 b 轴方向上两种亚结构存在点阵错配。这种失配型层状结构符合当前电子晶体-声子玻璃的设计理念,载流子迁移可以在层内或层间进行,层与层间的界面还有利于降低材料的热导率,具有良好的热电性能改性空间。

对于 $Ca_3Co_4O_9$ 体系,人们主要研究了 Ca 位掺杂和 Co 位掺杂、氧计量比对热电性能的影响。研究发现,Ba、Sr、Na、Bi 等元素 Ca 位掺杂都能提高材料的热电性能。H. Minami 等对 $(Ca_{1-x}Ba_x)_3Co_4O_9(0 \leqslant x \leqslant 0.2)$ 体系进行研究,发现 Ba 少量($x = 0.012$)替代 Ca 位能明显改善材料的电导率和热导率,虽然对热电系数影响不大,但 ZT 值有所提高。掺杂 Sr 元素使 $Ca_3Co_4O_9$ 材料的塞贝克系数和电阻率下降,但电阻率的下降程度比塞贝克系

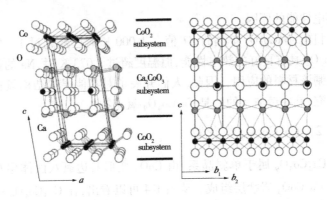

图 1-4　$Ca_3Co_4O_{9+\delta}$ 层状结构模型

数大,因而热电性能有所提高。温度为 600 K 时 Z 值最大,达到了 0.9×10^{-4} K^{-1}。G. J. Xu 发现 Na^+ 替代 $Ca_3Co_4O_9$ 中的 Ca^{2+} 使载流子浓度增大,电导率和塞贝克系数同时增大,热导率下降,热电性能显著提高。Bi^{3+} 替代 $Ca_3Co_4O_9$ 中的 Ca^{2+} 也可产生同样的效果,其 ZT 值在 1 000 K 时达到 0.24。而 Na 和 Bi 二元替代使材料的热电性能更好,电导率和塞贝克系数同时显著增大,并能有效降低热导率,使 $Ca_3Co_4O_9$ 材料的 ZT 值在 1 000 K 时达到 0.32。在 Ca 位掺杂中,Eu 和 Dy 的置换效果明显,增大了塞贝克系数,降低了热导率,在 1 000 K 左右,获得多晶块体的 ZT 值为 0.3。通过利用 SPS 烧结技术,Gd 置换获得的多晶块体的 ZT 值为 0.23。M. Prevel 等通过 Pr,Nd,Eu,Dy 以及 Yb 掺杂表明:稀土掺杂有效地增大了材料的塞贝克系数。Y. Miyazaki 等发现,对于 $[Ca_2(Co_{0.9}M_{0.1})O_3]_{0.62}CoO_2$ 组分,当 M = V、Ni 和 Zn 时,不能形成固溶体,而当 M = Ti、Cr、Mn、Fe 和 Cu 时都能形成单相样品。Cr、Mn、Fe 和 Cu 掺杂都能使塞贝克系数增大。Ti、Cr 和 Mn 掺杂对电阻率无影响,而 Cu 掺杂使试样的电阻率下降了 40%。由于 Cu 掺杂使塞贝克系数增大,电阻率下降,因此 $[Ca_2(Co_{0.9}Cu_{0.1})O_3]_{0.62}CoO_2$ 组分的功率因子最大,290 K 时达到

2.8×10^{-4} W/（m·K²），是未掺杂样品的 2 倍。D. Li 等采用溶胶-凝胶法制备了 $Ca_3Mn_xCo_{4-x}O_9$ 陶瓷，发现掺杂的 Mn 离子作为强散射中心，使载流子平均自由程减小，导致电阻率增大。室温时，塞贝克系数随着 Mn 掺杂量增加而增大，而热导率随着 Mn 含量的增加而下降。当 Mn 的掺杂量较小时，$Ca_3Mn_xCo_4O_9$ 在高温区热电性能显著提高。Q. Yao 等采用溶胶-凝胶法、SPS 烧结工艺制备了 $Ca_3Co_{4-x}M_xO_{9+\delta}$（M＝Ni，Fe，Mn，Cu；$x＝0\sim0.6$）样品，发现 Ni 和 Fe 掺杂使电阻率显著增大，但对塞贝克系数影响不大。掺杂量相同时，由于 Mn 掺杂引起的强电荷局限性的影响，Mn 掺杂样品的电阻率和塞贝克系数比 Ni 和 Fe 掺杂的样品大。Cu 掺杂使电阻率和塞贝克系数同时下降，但活化能不变，这个结果表明，Mn、Ni 和 Fe 替代的是导电层 CoO_2 中的 Co，而 Cu 替代的是绝缘层 Ca_2CoO_3 中的 Co。

此外，$Ca_3Co_4O_9$ 氧化物具有层状结构，其 ab 面内的电导率远大于沿 c 轴方向的电导率，而两个方向的热电系数无明显不同，这就意味着晶粒取向生长的样品将具有比取向随机排列的样品拥有更大的功率因子。因此，改进制备手段以获得 c 轴取向的结构是提高此类氧化物热电性能的常用途径之一。已报道的可以获得 c 轴取向的方法有：磁热处理法、反应模板生长法、热锻法以及放电等离子体烧结等。I. Hiroshi 等以 β-Co（OH）$_2$ 为模板，采用反应模板法合成了高度择优取向的 $[Ca_2CoO_3]_{0.62}CoO_2$ 材料，研究发现，1 060 K 时，样品 ab 面内的电导率 σ_{ab} 达到 2.61×10^4 S/m。E. Guilmeau 等制备了高度取向的 $Ca_{2.7}Bi_{0.3}Co_4O_9$ 与 $Ca_3Co_4O_9$ 单晶复合陶瓷，研究发现增加单晶含量有利于晶粒的择优取向，降低电阻率，从而提高材料的热电性能。M. Prevel 等采用热锻法也制备出了具有高度择优取向的 $Ca_3Co_4O_9$ 陶瓷。J. Shmoyama 等研究了氧计量比对材料性能的影响，氧含量不仅影响材料稳定性，而且影响其热电性能。迄今为止，R. Funahashi 制备的 Ca-Co-O 晶须

估算的 ZT 值超过 1,利用单晶复合的块体材料 ZT 值在 973 K 时达到 0.5。

1.4.3　$Bi_2M_2Co_2O_y$ 氧化物

继在 $NaCo_2O_4$ 中发现良好热电效应以后,在同样具有三角格子结构的 $Bi_2M_2Co_2O_y$(M=Ba, Sr, Ca)化合物中也发现了巨大的热电效应。$Bi_2M_2Co_2O_y$ 晶体结构如图 1-5 所示。与 $NaCo_2O_4$ 及 $Ca_3Co_4O_9$ 类似,其 CoO_2 层形成二维的三角晶格,在两个 CoO_2 层之间分别有两层 Bi_2O 层和 M_2O 层,形成了错配层结构。$Bi_2M_2O_4$ 层作为绝缘层和声子散射层,电子在绝缘层受强烈散射,不能有效迁移,因此被限制在 CoO_2 层中,即 CoO_2 层作为导电层。另外,与 $NaCo_2O_4$、$Ca_3Co_4O_9$ 相比,$Bi_2M_2Co_2O_y$ 中的 $Bi_2M_2O_4$ 层具有自超晶格结构,由 BiO_2-MO_2-MO_2-BiO_2 层组成,能更强烈地散射声子,降低热导率。

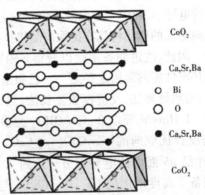

图 1-5　$Bi_2M_2Co_2O_y$(M=Ba, Sr, Ca)晶体结构

R. Funahashi 等研究了多晶 Bi-Sr-Co-O(BSCO)体系中 Bi 和 Sr 相对含量的变化与热电性能的关系。通过固相反应法制备了 $Bi_2Sr_2Co_2O_y$、$Bi_{1.8}Sr_2Co_2O_y$(Bi-1.8)、$Bi_2Sr_{1.8}Co_2O_y$(Sr-1.8)多晶

材料,发现 $Bi_2Sr_2Co_2O_y$ 表现出半导体特性,而 Bi-1.8 在温度低于 400 K、Sr-1.8 在温度低于 500 K 和高于 750 K 后都表现出金属特性,并认为这是由于这三种化合物中 Co 离子不同的平均价态引起的,塞贝克系数的大小则由空穴浓度而不是由 Co 离子平均价态决定。Sr-1.8 样品的 ZT 值在 973 K 时最高,达到 0.19。另外,R. Funahashi 等制备的 BSCO 晶须在 973 K 的 ZT 值高达 1.1,通过 Pb、Ca 双掺杂得到 973 K 时功率因子达 0.9 mW/(m·K^2) 的 $(Bi,Pb)_{2.2}(Sr,Ca)_{2.8}Co_2O_y$ 晶须。

Xu 等用热压法制备了 $Bi_{2.2-x}Pb_xSr_2Co_2O_y$ 样品,发现 Pb 掺杂能增大电导率和塞贝克系数,而热导率在高温区显著下降,因此热电性能得到显著提高。在 1 000 K 时 $x = 0.8$ 样品的 ZT 值高达 0.26。

Shen 等研究了 La 部分替代 Sr 对 BSCO 热电性能的影响。发现 La 替代可以增大塞贝克系数,降低热导率,其中 $Bi_2Sr_{1.96}La_{0.04}Co_2O_9$ 样品在 737 K 时的 ZT 值达到 0.147,比未掺杂样品高出 2 倍。可见,BSCO 层状氧化物热电性能与成分、掺杂元素有密切关系。

Li 等采用固相反应法制备了 $Bi_{2-x}Ag_xSr_2Co_2O_{8-\delta}$ ($x = 0$, 0.4, 0.8) 陶瓷。利用 X 射线光电子能谱考察该类化合物的电子结构,结果表明钴离子以 Co^{3+} 和 Co^{4+} 混合价态形式存在,$n(Co^{4+})/n(Co^{3+})$ 的比例随着 Ag 掺杂的量增加而增加。热电性能测试结果显示,随着 Ag 掺杂量的增加,电导率显著增加而塞贝克系数几乎保持不变,Ag 的引入极大地影响了样品的电子输运性质,其功率因子在 1 123 K 时达到了 1.23×10^{-4} W/(m·K^2),是一种具有很好应用前景的热电材料。

R. Ang 等对 Ag 掺杂 $Bi_2Ba_3Co_2O_y$ 进行了研究,证实了低自旋态 Co^{3+} 和 Co^{4+} 离子的存在,而且 Ag 的掺杂增加了 CoO_2 层空穴浓度和岩盐层内的无序度,增强了声子散射从而降低了热导率。

K. Sakai 等对 Pb 掺杂 $Bi_2Ba_{1.8}Co_{2.2}O_y$ 体系进行了深入的研究,试验发现在 0~300 K,Pb 掺杂不仅降低了电阻率,同时还增大了塞贝克系数,当 Pb 替代 Bi 达到 0.2 时,热电性能最佳。T. Motohashi 等制备了具有高度织构结构的样品,与任意生长的块体样品相比,其电导率增加了 4 倍,而塞贝克系数基本不变,从而导致功率因子的大幅度提高。

　　E. Guilmeau 等合成了单晶以及织构结构的 $[Bi_{0.81}CaO_2]_2[CoO_2]_{1.69}$ 样品,发现样品的电阻率具有各向异性的特征。与随意生长的样品相比,织构结构能够降低电阻率,而样品的塞贝克系数基本保持不变。

　　E. Iguchi 等合成 Sc^{3+},Y^{3+},La^{3+} 掺杂的 $Bi_{1.5}Pb_{0.5}Ca_{2-x}M_xCo_2O_{8-\delta}$ 样品,发现 Sc^{3+},Y^{3+} 掺杂降低了电阻率,而 La^{3+} 掺杂提高了电阻率。掺杂样品的塞贝克系数都明显提高。由于 Sc^{3+},Y^{3+} 的半径小于 Ca^{2+} 的半径,因此 Sc^{3+}、Y^{3+} 掺杂导致 c 轴以及 Co-O 间距变短。O 2p 和 Co e_g 的能隙也由此变窄,电子更容易从 O 2p 能级激发到 Co e_g 能级,掺杂样品的电阻随之减小。而由于 La^{3+} 的半径大于 Ca^{2+} 的半径,这就导致电阻在 O 2p 和 Co e_g 能级间的跃迁更难,从而电阻增加。

1.5　本书的研究目的和研究内容

1.5.1　研究目的

　　氧化物热电材料具有耐高温、抗氧化、无污染等优点,在高温发电领域具有比合金化合物更重要的应用价值。具有错配结构的层状钴基氧化物是近年来才被发现的新型热电材料,具有非常广阔的应用前景。进一步提高钴基氧化物的热电性能将促进其商业应用。

尽管塞贝克系数、电阻率和热导率三个参数并非完全独立,但改变和优化参数,使 ZT 值达到最佳值仍是有可能的。

首先,这几种钴基氧化物都具有层状结构,其 ab 面内的电阻率 ρ_{ab} 远小于沿 c 轴方向的电阻率 ρ_c,而塞贝克系数则无明显差异,这说明晶粒取向生长的样品将具有比晶粒随机排列样品更大的功率因子。因此,可通过制备具有 c 轴取向的结构的材料来提高钴基氧化物的热电性能。已报道的制备具有织构结构钴基氧化物的方法有:热压烧结法、放电等离子体烧结法、反应模板生长法、磁场取向法等。这些方法有效地促进了晶粒在 c 轴方向的排列,具有织构结构的样品的功率因子要比用固态反应法制备的晶粒随机取向的样品高一个数量级。但是,与传统的固态反应法相比,这些方法或者需要昂贵的设备,或者需要复杂的工艺,皆不利于该材料的推广应用。因此,如果利用简单的固态反应方法就能够制备出 c 轴取向的样品,那将极大地推动该材料的商业应用。本书尝试利用传统的固态反应方法制备出具有织构结构的钴基氧化物热电材料。

其次,热电材料实现热能与电能转换的过程实际上是固体中载流子和声子的输运及其相互作用过程,因此可以通过改变载流子和声子的输运特性来影响材料的热电性能。通过元素掺杂可以修饰材料的能带结构,使材料的带隙和费米能级附近的状态密度增大,提高载流子的浓度和迁移率,使载流子浓度处于最佳值,由此达到提高材料热电优值的目的。本书通过 Cu,Pb,La 等元素掺杂增加晶格畸变,改变载流子浓度、迁移率以及晶粒的生长,以期提高钴基氧化物的热电性能。

1.5.2　研究内容

对于 $Ca_3Co_4O_9$ 型氧化物热电材料,本书利用传统固态反应法制备 c 轴取向的 Bi 掺杂 $Ca_3Co_4O_9$ 样品。在此基础上,研究了织构样品各向异性的热电性能;烧结温度对 $Ca_{2.7}Bi_{0.3}Co_4O_9$ 微观结构和热电性能的影响;进一步利用 Cu 掺杂对 $Ca_{2.7}Bi_{0.3}Co_4O_9$ 样品的热电性能进行改善。

对于 $Bi_2M_2Co_2O_y$(M＝Ba, Sr, Ca)氧化物热电材料,本书利用 Cu、Pb、La 作为掺杂元素,通过固相反应法制备出元素掺杂的样品。利用 XRD 和 SEM 对样品的物相以及晶粒形貌进行了分析和讨论,同时研究了掺杂对材料的电导率、塞贝克系数和功率因子的影响。

具体研究内容如下:

(1)利用传统固态反应法制备元素 Bi 和 Cu 掺杂的 $Ca_3Co_4O_9$ 型热电材料,研究元素掺杂对晶粒取向度、晶粒尺寸、塞贝克系数、电导率、热导率的影响,探讨热电性能在 ab 面内和沿 c 轴方向的差异。

(2)研究烧结温度对 $Ca_{2.7}Bi_{0.3}Co_4O_9$ 晶体微观结构和热电性能的影响,获得了制备高度取向的 $Ca_{2.7}Bi_{0.3}Co_4O_9$ 氧化物的温度区间,分析高温破坏晶体织构结构的原因。

(3)采用固态反应法制备 Cu 元素掺杂的 $Bi_2M_2Co_2O_y$(M＝Ba, Sr, Ca)热电材料,利用 XRD、SEM 分析元素掺杂对相成分和微观结构的影响,讨论 Cu 掺杂对其热电性能的影响。

(4)采用固态反应法制备元素 Pb、La 掺杂的 $Bi_2M_2Co_2O_y$(M＝Ba, Sr, Ca)热电材料,研究元素掺杂对相成分、微观结构、热电性能的影响。

2 样品制备及表征方法

2.1 样品制备

固态反应法是热电氧化物材料最常用的制备方法。制备过程是先将原料混合均匀进行高温煅烧,然后将煅烧后的试样破碎、成型,再烧结处理。本书中所有样品均采用固态反应的方法来制备。

2.2 样品的表征方法

2.2.1 X 射线衍射分析

物相分析采用 X 射线衍射(XRD)技术。晶体衍射理论说明,单色的 X 射线照射晶体时,衍射波的方向和强度都与晶体构造有关。当入射的 X 射线与晶体的几何关系满足布拉格方程时($2d \cdot \sin\theta = n\lambda$, n 为衍射的级数,d 为晶面间距,θ 为入射角和反射角,λ 为波长),衍射加强。反过来,根据晶体的衍射谱,可以判断晶体的结构,这便是 X 射线衍射分析的基本原理。X 射线衍射分析是物质分析,尤其是研究、分析、鉴定固态物质微观结构的非常重要和普遍的方法。

本实验所用 X 射线衍射仪为 Philips X′ tert Pro system, Cu 靶(Kα)射线,步进扫描 $0.02°$/step,扫描范围 2θ 为 $10° \sim 70°$,后置单色器管压和管电流分别为 35 kV 和 30 mA。

2.2.2　热重分析

热重分析法(thermogravimetric analysis, TG)就是在程序控制温度下测量获得物质的质量与温度关系的一种技术。其特点是定量性强,能准确地测量物质质量的变化及变化的速率。目前,热重分析法广泛地应用在化学以及与化学有关的各个领域中,在冶金学、漆料及油墨科学、陶瓷学、食品工艺学、无机化学、有机化学、聚合物科学、生物化学及地球化学等学科中都发挥着重要的作用。

物质在加热或冷却过程中的某一特定温度下,往往会发生伴随有吸热或放热效应的物理、化学变化,如晶型转变、沸腾、升华、蒸发、熔融等物理变化,以及氧化还原、分解、脱水和离解等化学变化。另有一些物理变化,如玻璃化转变,虽无热效应发生,但比热容等某些物理性质也会发生改变。此时物质的质量不一定改变,但会有吸热、放热现象。差示扫描量热分析(differential scanning calorimetry, DSC)是基于上述原理,在程序控制温度下,测量随温度或时间变化输入到试样和参比物的能量差的一种技术。DSC 曲线是在差示扫描量热测量中记录的以热流率 dH/dt 为纵坐标、以温度或时间为横坐标的关系曲线。

综合 DSC 和 TG 的结果可以分析试样的物理性质(如质量变化、相变、熔点等)随温度的变化。本实验利用热重分析和差示扫描量热法来研究样品的氧吸附和脱附过程以及伴随着这个过程的热量的释放和吸收。

实验装置为法国 SETARAM 公司的 Labsys™ 热分析仪。把样品放入高纯 Al_2O_3 坩埚,升温速度为 10 ℃/min,设置氧气气氛,气体流速为 30 mL/min。

2.2.3　扫描电镜分析

扫描电子显微镜(scanning electron microscope, SEM)是以类

似电视摄影显像的方式,利用细聚焦电子束在样品表面扫描时激发出来的各种物理信号来调制成像的,其特点是能观察立体图像。利用 SEM 可以做如下观测:①试样表面的凹凸和形态;②试样表面的组成分布;③发光性样品的结构缺陷、杂质的检测及生物抗体的研究;④电位分布;⑤测量试样晶体的晶向及晶格常数等。由于扫描电子显微镜的景深远比光学显微镜大,可以用它进行显微断口分析。因此,目前显微断口的分析工作大都是用扫描电子显微镜来完成的。

本书使用日本 JEOL JSM-6700F 型冷场发射扫描电子显微镜对样品的形貌进行观测。

2.2.4 电阻率的测量

采用标准四端引线法对块材样品进行电阻测量。所用导线为银丝,用银胶把导线固定于测试试样上,并尽量使导线间隔均匀。试样的最外两根银丝接 Keithley2400 型电流源为试样发送 10 mA 的稳定电流,用 Keithley2182 型纳伏表接在试样内部的两根银丝上测试电压。采用正反向交替输出电流的方法以消除测试回路中产生的热电势和接触电势。利用测得的电压可计算出样品的电阻及电阻率。

2.2.5 塞贝克系数的测量

用自制的装置测量塞贝克系数。两支 S 型(铂铑 10-铂)热电偶分别与两块测温仪(UGU, AI708MBS)连接。取一尺寸约为 2 mm×2 mm×11 mm 的长条形样品,在两端各钻一直径约为 1 mm 的小孔,用于放置热电偶的测温端点。两根银线分别用银胶固定在样品的两端,银线的另一端与纳伏表相连测量热电势。把连接好的装置放入管式炉中,以 3 ℃/min 的速率加热,利用管式炉自身的温度不均匀性,在样品的两端产生 5~10 ℃ 的温差。同时记录两测温仪的温度和纳伏表的电压,根据 $S = V/(T_2 - T_1)$ 可求得样品相对于银(Ag)的塞贝克系数。扣除银(Ag)的绝对塞贝克系数后,可得到样品的绝对塞贝克系数。银(Ag)的塞贝克系数与温度的关系见图 2-1。

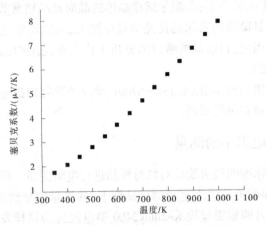

图 2-1　银(Ag)的塞贝克系数与温度的关系

2.2.6　热导率的测量

热导率的测量比上述两个参数的测量更为困难。原因在于热绝缘不如电绝缘那样容易和有效,这是由于热传输不能像电传输那样被限制在导体内,而是还会通过辐射、对流等方式与周围环境发生热交换。因此,热导率的测量应尽可能减少除被测物体内部途径之外的一切热输运,或者对不可避免的这部分热输运进行较为精确的估计。因此,在热导率测量时,一般置样于真空或绝热环境中。热导率的测量方法很多,一般可分为稳态法和非稳态法两类,通常使用的主要有平板法(稳态法)和激光闪光法(非稳态法)。

平板法以傅立叶导热定律为测量原理,测量方法比较简单,具有很高的测量精度,因而已被很多国家作为低热导率材料的标准测量方法,并得到广泛应用。平板法主要用于测量固体物质,对测量试样要求较高,一般要求将试样处理为很薄、直径很大($d/h \geqslant$ 10)的无限平板。对于厚度为 h、截面面积为 S 的平行平面平板,维持两面有稳定的温度 T_1 和 T_2($T_1 > T_2$),试样内会产生一个沿纵向的稳定的一维热流 Q,根据傅立叶导热定律,在单位时间内沿与 S 面垂直方向传递的热量为

$$\frac{\Delta Q}{\Delta t} = \lambda \frac{T_1 - T_2}{h} S \tag{2-1}$$

式中,λ 为平板材料的热扩散系数。

对于圆形板试样,由于实验中测量出来的通常是单位时间内通过圆片面积 $1/4\pi d^2$ 的热量 Q,因此式(2-1)可写为

$$\lambda = \frac{4Qh}{\pi d^2 (T_1 - T_2)} \tag{2-2}$$

平板法的测量误差随着试样不同和温度不同而变化。一般导热系数高的材料或者在较低温度下测试时,测试误差较大,反之则小。

激光闪光法测量材料热导率的方法是建立在一维非稳态导热基础上的。该方法以其试样尺寸小、测试温度范围宽和周期短、测试准确度高等一系列优点,在科学研究、工业生产等领域得到了广泛的应用,目前已成为一种成熟的材料热物性测试方法。激光闪光法测量材料热导率的原理是根据热导率 κ 与热扩散系数 λ、比热容 C_p 和体积密度 ρ 三者之间的关系。计算公式为

$$\kappa = \lambda C_p \rho \tag{2-3}$$

因此,热导率的测试包括热扩散系数、比热容和密度测试。

热扩散系数的测试可采用激光脉冲技术。其主要假定条件包括:无热损失;试样受热后的导热过程仅为纵向导热的一维热流;

试样均匀;脉冲热量均匀加到试样的正面上,并被试样很薄的一层材料所吸收;脉冲加热的持续时间比起热流经过试样的传递时间要短很多。在该模型假定条件下,激光脉冲测量法的具体过程是通过一束辐射激光脉冲照射到被测样品的一个表面,入射激光将会被样品表面吸收,引起表面温度升高,从而在样品两侧产生一个温度梯度。由于温度梯度的存在,必然引起热量从被照射面向另一表面传导,使该表面的温度随时间的增加而升高,直至达到平衡。样品的热扩散系数 λ 由下式确定:

$$\lambda = \frac{1.37d^2}{\pi^2 t_{1/2}} \qquad (2-4)$$

式中,d 为试样的厚度;$t_{1/2}$ 为后表面上温度升高到最大变化值的一半时所需的时间。

从式(2-4)可知,只要记录激光照射后被测样品的后表面温度随时间的变化关系就可以确定,即可通过式(2-4)求出热扩散系数。

用激光闪光法测量材料比热容的基本原理为:使用一个与样品面积相同、厚度相近、热物性相近、表面结构光滑程度相同且比热值已知的参比样品,与样品同时进行表面涂覆,确保与样品具有相同的表面激光能量吸收比与红外发射率,并同时进行测量,通过比较样品与参比样的温升信号大小即可求得样品的比热值。当已知比热容的标准样和待测样品,分布吸收到相同能量的激光脉冲辐射时,则根据能量平衡方程式有:

$$C_P = \frac{C_{ps} m_s \Delta T_s}{m_x \Delta T_x} \qquad (2-5)$$

式中,ΔT_s、ΔT_x 为标准样和待测样受到辐射后的最大温升;m_s、m_x 为标准样和待测样的质量。

因此,由上述可知,只需精确测量并记录试样背面的温升曲线,测出背面温升达到最大温升一半时所需的时间和最大温升值,即可求出试样的热扩散系数和比热容。最后根据 $\kappa = \lambda C_P \rho$ 即可求出材料的热导率。

本实验采用美国 Anter FlashLine™ 3000 热分析仪在流动的氩气中同时测定材料的热扩散系数和比热容。

3 $Ca_3Co_4O_9$ 型氧化物的制备及热电性能研究

3.1 引 言

　　与合金热电材料相比,氧化物热电材料具有高温化学稳定性,可在大气环境中长期使用,具有环境友好性等特点,并且制备工艺简单,品种多,具有良好的发展前景。$Ca_3Co_4O_9$ 是氧化物体系热电材料中性能较好、值得研究的一类材料,在热电发电领域的应用潜力很大。热电材料的性能与其组成、结构紧密相连,因此开展制备工艺、晶体结构、成分组成与热电性能关联的研究对进一步提高 $Ca_3Co_4O_9$ 的品质因子以及促进其商业应用具有重要意义。

　　热电材料实现热能与电能转换的过程实际上是固体中载流子和声子的输运及其相互作用过程,因此可以通过改变载流子和声子的输运特性来影响材料的热电性能。元素掺杂可以增加晶格畸变,改变载流子浓度、迁移率以及晶粒的生长,是提高材料热电性能的有效途径。对于 $Ca_3Co_4O_9$ 材料,已报道的对 Ca 替代的元素有 Na,Sr,Bi 以及稀土元素等;对 Co 替代的元素主要是 Ni,Fe,Cu,Cr,Mn 等过渡金属。一般来讲,+3 价的稀土元素替代 +2 价的 Ca 会造成空穴浓度的降低,这将导致电导率降低,塞贝克系数增大。而 Bi^{3+} 部分替代 Ca^{2+} 反而同时提高了样品的塞贝克系数和电导率。其原因被认为是 Bi 的掺入引起了载流子迁移率的提高。在对 Co 位替代的元素中,Cu 提高了样品电导率,而其他的过渡金属如 Ni,Fe,Mn 等都降低了样品的电导率。

此外,由于 Ca$_3$Co$_4$O$_9$ 具有很强的各向异性,其沿 c 轴方向的电导率远小于 ab 面内的电导率,这就造成多晶样品的热电性能比单晶体降低 1~2 个数量级。因此,制备 c 轴取向生长的多晶样品是提高多晶样品性能的有效途径,已经报道的方法有:放电等离子体烧结(spark plasma sintering),反应模板生长法(reactive templated grain growth),热锻、热压烧结(thermo-forging or hot-pressing);磁场取向法(magnetic alignment process)等。

热压烧结:将纯净的 Co$_3$O$_4$ 和 CaCO$_3$ 充分研磨后的粉末在 950 ℃煅烧,然后将此粉末加压(12 MPa)在 950 ℃烧结 15 h。这种方法制备的样品的电导率能达到 110 S/cm,从而使功率因子达到 3.5×10^{-4} W/(m·K^2)。

SPS 工艺:放电等离子烧结技术是近年来发展起来的一种新的烧结技术,是一种利用通—断直流脉冲电流直接通电烧结的加压烧结法。在 SPS 烧结过程中,电极通入直流脉冲电流时瞬间产生的放电等离子体,使烧结体内部各个颗粒均匀地自身产生焦耳热并使颗粒表面活化,有效利用粉末内部的自身发热作用进行烧结。电点的弥散分布能够实现均匀加热,因而容易制备出均质、致密、高质量的烧结体。这种烧结方式能使样品的电导率达到 105 S/cm,从而使功率因子达到 3.5×10^{-4} W/(m·K^2)。

反应模板晶粒生长法:以片状的 β-Co(OH)$_2$ 模板和 CaCO$_3$ 为起始材料,在有机溶剂中加入黏合剂和可塑剂混合制成浆料,再将此浆料铸成带状(这样可以使 β-Co(OH)$_2$ 能够沿着此浆料整齐排列)并叠加起来,进行加压再烧。煅烧的目的是除去样品中的有机成分。然后把处理过的样品再通入氧气进行热压烧结至 920 ℃。这样做出来的样品 700 ℃时 ab 面的电导率和功率因子分别能达到 265 S/cm 和 7.5×10^{-4} W/(m·K^2)。

磁场搅拌法:把粉末 CaCO$_3$、Co$_3$O$_4$ 加入乙基纤维素(黏合剂)、硬脂酸山梨糖醇酯(分散剂)以及甲苯和乙醛按 2:1 混合后的溶液(溶剂)制成浆料,再把此浆料球磨 24 h 后再在 3T 的磁场中以及室温下干燥,接着在 500 ℃ 下进行热处理(目的是除去有机物)。再将以上处理过的样品在 900 ℃ 烧结 16 h。最后再用 SPS 处理样品。这种工艺制备的样品电导率和功率因子分别能达到 170 S/cm 和 5.7×10^{-4} W/(m·K^2)。

但是,与传统的固态反应法相比,这些方法或者需要昂贵的设备,或者需要复杂的工艺,不利于该材料的推广应用。因此,如果利用简单的固态反应方法就能够制备出 c 轴取向的样品,将极大地推动该材料的商业应用。

本章尝试利用传统固态反应法制备出 c 轴取向的 Bi 掺杂 $Ca_3Co_4O_9$ 的样品。在此基础上,研究了织构样品各向异性的热电性能;烧结温度对 $Ca_{2.7}Bi_{0.3}Co_4O_9$ 微观结构和热电性能的影响;进一步利用 Cu 掺杂对 $Ca_{2.7}Bi_{0.3}Co_4O_9$ 样品的热电性能进行改善。

3.2　材料制备

用固相反应法制备 Bi、Cu 掺杂的 $Ca_3Co_4O_9$ 样品。把纯净的 $CaCO_3$、Co_3O_4、CuO、Bi_2O_3 和 $Ca_3Co_4O_9$(CCO)、$CaCo_{3.7}Cu_{0.3}O_9$($CCCO$)、$Ca_{2.7}Bi_{0.3}Co_4O_9$($CBCO$)、$Ca_{2.7}Bi_{0.3}Co_{3.7}Cu_{0.3}O_9$($CBCCO$)按照化学配比混合,以 5 K/min 的升温速率加热至 1 173 K,在这个温度保持 20 h。煅烧后的样品再次研磨后,用单轴压力(180 MPa)压制成片。在通 O_2 的情况下,在 1 223 K 下再烧结并保持 20 h,然后以 1 K/min 的速率降至 873 K 后断电降至室温。为了考察烧结温度对 $Ca_{2.7}Bi_{0.3}Co_4O_9$ 样品微观结构和热电性能的影响,另外把压制好的 $Ca_{2.7}Bi_{0.3}Co_4O_9$ 薄片放入管式炉,通入 O_2,分别在温度 1 183 K、1 203 K、1 223 K 和 1 243 K 保持 20 h,然后缓慢降至室温。

3.3 Bi 掺杂对 Ca₃Co₄O₉ 材料微观结构与热电性能的影响

3.3.1 XRD 图谱分析

图 3-1 给出了在 1 223 K 制备的 $Ca_{3-x}Bi_xCo_4O_9(x=0, 0.3)$ 粉末样品的 XRD 图谱以及块体样品成型时垂直于压力方向的表面的 XRD 图谱。粉末样品的 XRD 图谱和标准的 JCRDS 卡是一致

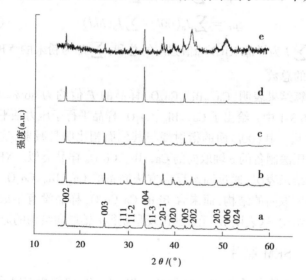

a—Ca₃Co₄O₉ 粉末；b—Ca₃Co₄O₉ 样品垂直于压力轴的表面；
c—Ca₂.₇Bi₀.₃Co₄O₉ 粉末；d—Ca₂.₇Bi₀.₃Co₄O₉ 块体样品垂直于压力轴的表面；
e—Ca₂.₇Bi₀.₃Co₄O₉ 块体样品平行于压力轴的表面。

图 3-1 XRD 图谱

的,表明样品为纯相。对于 $Ca_3Co_4O_9$ 的样品,块体与粉末的 XRD 图谱之间没有明显区别,这表明晶粒在块体样品中是随机排列的。但是,对于 Bi 掺杂的样品来说,其块体的 XRD 图谱中来自(00l)面的衍射峰非常强,这说明 Bi 掺杂的样品中,晶粒的 ab 面在沿着压力方向上出现了有序排列,即形成了 c 轴取向的结构。取向的程度可以用取向因子 F 来评估,

$$F = (p - p_0)/(1 - p_0) \qquad (3-1)$$

当计算沿 c 轴取向度时

$$p = \sum I(00l)/\sum I(hkl) \qquad (3-2)$$

$$p_0 = \sum I_0(00l)/\sum I_0(hkl) \qquad (3-3)$$

式中,$\sum I$ 为样品 XRD 峰值强度的总和;$\sum I_0$ 为粉末的 XRD 峰值强度的总数。

计算结果表明,$Ca_{2.7}Bi_{0.3}Co_4O_9$ 样品的 F 值约为 86%。为了比较,图 3-1 中 e 给出了 $Ca_{2.7}Bi_{0.3}Co_4O_9$ 样品平行于压力轴平面的 XRD 图谱。其(00l)面的衍射峰与其他面相比明显减弱,这一结果与热压法制备的 c 轴取向的 $Ca_{2.6}Bi_{0.4}Co_4O_9$ 样品类似。XRD 图谱分析结果表明,通过固态反应方法制备的 $Ca_{2.7}Bi_{0.3}Co_4O_9$ 样品具有高度取向的结构,而未含 Bi 的 $Ca_3Co_4O_9$ 样品没有生成取向生长的结构,这表明 Bi 元素的出现是获得 c 轴取向结构的原因。

3.3.2 SEM 照片

图 3-2 给出了 $Ca_3Co_4O_9$ 和 $Ca_{2.7}Bi_{0.3}Co_4O_9$ 焙烧粉末以及块体样品断面的 SEM 照片。如图 3-2(a)和图 3-2(b)所示,对于在 1 173 K 焙烧的两种粉末样品来说,晶粒呈现出片状结构,且两样品的晶粒形状和尺寸没有明显区别。然而,如图 3-2(c)和(d)所示,在 1 223 K 烧结后,两种块体样品的微观结构呈现出明显不同。首先,Bi 掺杂样品的晶粒尺寸明显大于不含 Bi 样品的晶粒尺

(a)Ca$_3$Co$_4$O$_9$粉末

(b)Ca$_{27}$Bi$_{0.3}$Co$_4$O$_9$粉末

图 3-2 焙烧粉末和烧结块体样品的断面 SEM 照片

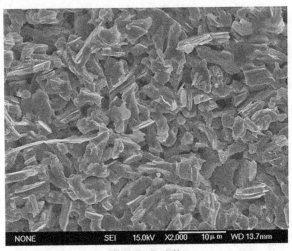

(c)$Ca_3Co_4O_9$块体

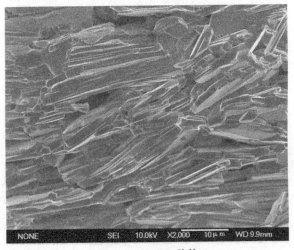

(d)$Ca_{2.7}Bi_{0.3}Co_4O_9$块体

续图 3-2

寸,这表明在高温烧结的过程中,Bi 的出现促进了晶粒的生长。其次,不含 Bi 的样品的晶粒分布是杂乱无序的,但在 Bi 掺杂的样品中,片状晶粒沿着成型压力轴方向整齐排列,形成了 c 轴取向结构,这与 XRD 结果一致。最后,SEM 照片也表明用 Bi 掺杂样品的孔隙率比未掺杂样品显著降低。利用排水法测量两样品的密度,结果表明 Ca$_3$Co$_4$O$_9$ 和 Ca$_{2.7}$Bi$_{0.3}$Co$_4$O$_9$ 的密度分别是 3.29 g/cm^3 和 4.34 g/cm^3,分别是其理论值的71%和85%。

　　尽管目前 Ca$_{2.7}$Bi$_{0.3}$Co$_4$O$_9$ 样品的织构结构的生长机制还不太清楚,但实验结果表明两个因素对于取向生长是非常重要的。首先,不含 Bi 样品中没有取向结构的形成,表明 Bi 元素的存在对于在烧结过程中形成织构结构起着重要作用。根据 Guilmeau 等的研究,当 Bi$_{2.5}$Ca$_{2.5}$Co$_2$O$_x$ 组分在高温烧结时,因为 Bi 元素的存在会形成液相,这样能提高元素的扩散和晶粒生长动力。实验也表明,当温度高于 1 273 K 时,Ca$_{2.7}$Bi$_{0.3}$Co$_4$O$_9$ 样品出现明显熔化。而 Ca$_3$Co$_4$O$_9$ 在 1 373 K 时还能安全合成,没有熔化的迹象。因此,Ca$_{2.7}$Bi$_{0.3}$Co$_4$O$_9$ 中的 Bi 元素能降低熔点,易于形成液相,这对于在高温烧结时片状晶粒的滑移与堆垛是有促进作用的。其次,晶粒取向和成型压力方向之间的关联性表明,成型压力是 Ca$_{2.7}$Bi$_{0.3}$Co$_4$O$_9$ 形成织构结构的另一个主要原因。最近,Cheng 等报道,经过高压(2 GPa)成型之后,NaCo$_2$O$_4$ 样品呈现出明显的晶粒取向结构,而 Ca$_{2.7}$Bi$_{0.3}$Co$_4$O$_9$ 和 NaCo$_2$O$_4$ 晶粒具有相似的片状结构。综合考虑,认为成型压力能够使片状结构的 Ca$_{2.7}$Bi$_{0.3}$Co$_4$O$_9$ 晶粒初步形成有序的排列,高温烧结时产生液相进一步促进片状晶粒的滑移与堆垛,从而形成高度 c 轴取向的结构。

3.3.3　热电性能

图 3-3 给出了样品的电导率随温度的变化关系。可以看到，与 $Ca_3Co_4O_9$ 相比，$Ca_{2.7}Bi_{0.3}Co_4O_9$ ab 面内（沿着垂直于压力轴方向）的电导率显著增大。同时，$Ca_{2.7}Bi_{0.3}Co_4O_9$ 沿着 c 轴方向的电导率比 $Ca_3Co_4O_9$ 的电导率小。由于具有各向异性的特性，$Ca_{2.7}Bi_{0.3}Co_4O_9$ ab 面内的电导率是 c 轴方向的 4 倍。这个结果与热压烧结法制备的 c 轴取向的 $Ca_3Co_4O_9$ 一致。

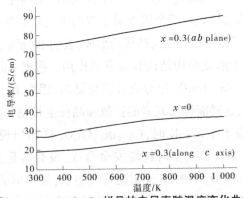

图 3-3　$Ca_{3-x}Bi_xCo_4O_9$ 样品的电导率随温度变化曲线

图 3-4 给出了 $Ca_3Co_4O_9$ 和 $Ca_{2.7}Bi_{0.3}Co_4O_9$ 样品的温度与塞贝克系数(S)之间的关系。两种样品的 S 值都是随着温度的升高而线性增加，且都是正值，说明是空穴导电。其中 Bi 掺杂的样品的 S 值高于不含 Bi 的样品的 S 值。对于 Bi 掺杂的 $Ca_{2.7}Bi_{0.3}Co_4O_9$ 样品，其沿着 c 轴的 S 值略高于 ab 面内的 S 值，并且随着温度的升高，这种差别越来越不明显，到较高温度时几乎相等。这表明取向对塞贝克系数的影响比较小。

图 3-5 表示 $Ca_3Co_4O_9$ 和 $Ca_{2.7}Bi_{0.3}Co_4O_9$ 在 ab 面内的功率因子随温度变化的关系，可以看出，$Ca_{2.7}Bi_{0.3}Co_4O_9$ 有较大的功率因

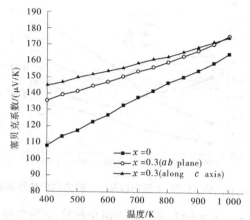

图 3-4 Ca$_{3-x}$Bi$_x$Co$_4$O$_9$ 样品的塞贝克系数随温度变化曲线

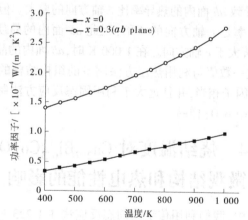

图 3-5 Ca$_{3-x}$Bi$_x$Co$_4$O$_9$ 样品的功率因子随温度变化曲线

子,并且在 1 000 K 时最大的功率因子达到 2.77×10^{-4} W/(m·K^2)。

图 3-6 给出了 Ca$_{2.7}$Bi$_{0.3}$Co$_4$O$_9$ 在 ab 面和 c 轴方向的热导率
(κ)和品质因子($ZT = S^2\sigma T/\kappa$)。可以看出,ab 面内的热导率比 c
轴方向的要大。晶体的热导率由晶格热导和电子热导两部分组成

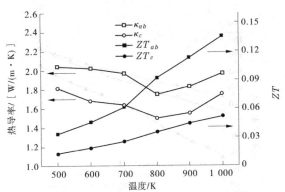

图 3-6　$Ca_{2.7}Bi_{0.3}Co_4O_9$ 在 ab 面内以及沿 c 轴方向的热导率和 ZT 值

的,即 $\kappa = \kappa_l + \kappa_e$。$\kappa_e = L\sigma T$,式中 L 为洛伦兹数;σ 为电导率;T 为绝对温度。由于 $Ca_{2.7}Bi_{0.3}Co_4O_9$ 在 ab 面内的电导率比 c 轴方向的要大,因此导致 ab 面内的热导率比 c 轴方向的要大。但是由于 ab 面内的电导率是 c 轴方向的 4 倍,因此 ab 面内的品质因子(ZT 值)仍然显著大于 c 轴方向。在 1 000 K 时,ab 面内的品质因子可达 0.14。这一数值与利用热压方法制备的织构结构的 $Ca_3Co_4O_9$ 样品的品质因子相当,并且远大于利用固态反应方法制备的未取向生长的 $Ca_3Co_4O_9$ 样品。

3.4　烧结温度对 $Ca_{2.7}Bi_{0.3}Co_4O_9$ 微观结构和热电性能的影响

在 3.3 中,我们利用传统的固态反应法在 1 223 K 制备出具有织构结构的 $Ca_{2.7}Bi_{0.3}Co_4O_9$ 样品。结果表明两个因素起着关键的作用:一是成型压力能够使片状结构的 $Ca_{2.7}Bi_{0.3}Co_4O_9$ 晶粒初步形成有序的排列;二是 Bi 元素的出现进一步促进片状晶粒的生长与排列,从而形成高度 c 轴取向的结构。可以想象,烧结温度也是影响晶粒生长和取向的一个重要因素。因此,探明烧结温度和

Ca$_{2.7}$Bi$_{0.3}$Co$_4$O$_9$ 织构结构关系将对该材料的应用具有重要的意义。在本节中,我们在不同温度下制备了多个 Ca$_{2.7}$Bi$_{0.3}$Co$_4$O$_9$ 样品,研究了烧结温度对微观结构和热电性能的影响。

3.4.1 XRD 图谱分析

Ca$_{2.7}$Bi$_{0.3}$Co$_4$O$_9$ 样品的 XRD 图谱分析结果表明在四个不同温度下制备的样品都具有 Ca$_3$Co$_4$O$_9$ 结构。薄片样品表面的 XRD 图谱可见图 3-7。为了比较,在 1 183 K 制备的样品粉末的 XRD 图谱也在图 3-7a 中给出。与粉末样品相比较,薄片样品的图谱中来自 (00l) 面的衍射峰比较强,显示出 c 轴取向的结构。

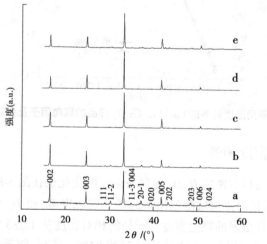

a—1 183 K 下 Ca$_{2.7}$Bi$_{0.3}$Co$_4$O$_9$ 粉末;b—1 183 K 下 Ca$_{2.7}$Bi$_{0.3}$Co$_4$O$_9$ 薄片表面;
c—1 203 K 下 Ca$_{2.7}$Bi$_{0.3}$Co$_4$O$_9$ 薄片表面;d—1 223 K 下 Ca$_{2.7}$Bi$_{0.3}$Co$_4$O$_9$ 薄片表面;
e—1 243 K 下 Ca$_{2.7}$Bi$_{0.3}$Co$_4$O$_9$ 薄片表面。

图 3-7 Ca$_{2.7}$Bi$_{0.3}$Co$_4$O$_9$ 粉末以及在不同温度下制备的薄片
样品表面的 XRD 图谱

四个烧结样品的取向的程度 F 值如图 3-8 所示。在 1 183 K 制备的样品的 F 值为 52%。F 值随着烧结温度的升高迅速地提高,烧结温度为 1 203 K 和 1 223 K 时的 F 值分别为 80%和 86%。然而,当烧结温度为 1 243 K 时,样品取向因子减少到约 67%。研究结果表明:$Ca_{2.7}Bi_{0.3}Co_4O_9$ 的高度织构结构只能在烧结温度为 1 203~1 223 K 范围内产生,低于或高于这个烧结温度范围都对氧化物 $Ca_{2.7}Bi_{0.3}Co_4O_9$ 的织构生长产生不利的影响。

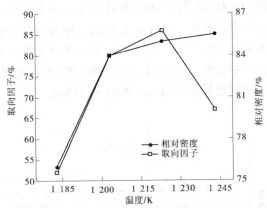

图 3-8　在不同温度制备的 $Ca_{2.7}Bi_{0.3}Co_4O_9$ 样品的取向因子及相对密度曲线

3.4.2　密度测量

样品的相对密度 D/D_0 随制备温度的变化也在图 3-8 中给出。在这里,D 是由排水法测量出来的样品实际密度,而 D_0 是从 XRD 数据中计算出来的理论密度。样品的相对密度从 1 183 K 制备样品的 76%增加到在 1 203 K 烧结时的 83%。然而,随着制备温度的提高,相对密度值基本保持不变。这表明利用固体反应法制备出的样品密度偏低,不利于电导率的增加。

3.4.3　SEM 照片

利用 SEM 也可以清楚地观察到样品织构结构的不同。图 3-9 给出了在不同烧结温度下制备的四个样品断口的 SEM 照片。

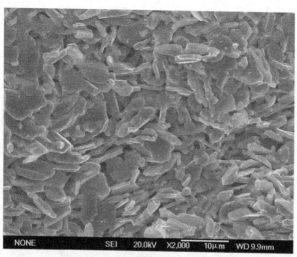

(a)1 183 K

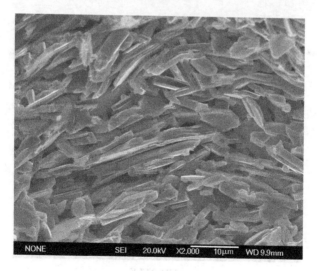

(b)1 203 K

图 3-9　不同烧结温度制备的 $Ca_{2.7}Bi_{0.3}Co_4O_9$ 样品断口的 SEM 照片

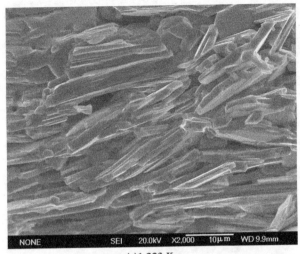

(c)1 223 K

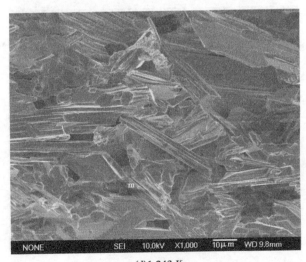

(d)1 243 K

续图 3-9

SEM 照片显示,在温度为 1 203 K 和 1 223 K 时烧结出的样品的片状晶粒沿着厚度方向均匀分布。然而,在温度为 1 183 K 和 1 243 K 时制备的样品的晶粒排列要比 1 203 K 和 1 223 K 制备的样品晶粒排列显得杂乱无章,这与 XRD 所显示的结果相一致。而且,值得一提的是,样品晶粒大小随着烧结温度的增高而增大,即烧结温度的提高促进了晶粒的生长。

3.4.4　TG-DSC 分析

在上文中,我们认为 Bi 元素的加入使得 $(Ca, Bi)_3Co_4O_9$ 在高温烧结的过程中出现液相,这促进了片状晶粒的滑移与堆垛,从而形成高度 c 轴取向的结构。然而,这无法解释为什么在 1 243 K 烧结时样品的取向结构会被破坏。

为了弄清楚这一原因,我们对 $Ca_{2.7}Bi_{0.3}Co_4O_9$ 样品做了热重及差示扫描量热分析。图 3-10 给出了 1 183 K 制备的 $Ca_{2.7}Bi_{0.3}Co_4O_9$ 样品在氧气中的 TG-DSC 曲线。从图 3-10(a)可以看出,当温度高于 973 K 的时候,样品的重量随着温度的增加而缓慢的减小,到 1 226 K 时约减小了原来总重的 1.4%。这表明样品中氧含量是可以改变的,并且随着温度的增加而减少。然而,当温度高于 1 226 K 时,样品突然开始快速放氧,并且在这个放氧过程中重量减少约为 2.8%。Sopicha-lizer 等曾经报道过 $Ca_3Co_4O_9$ 在温度大约为 1 223 K 时将分解为 $Ca_3Co_2O_6$ 相。在实验中,1 226 K 时大的重量损失应该对应于 $Ca_3Co_4O_9$ 相的分解以及 $Ca_3Co_2O_6$ 相的形成过程。值得注意的是,在冷却的过程中,当温度低于 1 218 K 时样品的重量又回到快速脱氧前的值,这表明约 2.8%氧又被重新吸回,$Ca_3Co_4O_9$ 相在这个吸氧过程中又能重新形成,这就解释了在 1 243 K 制备的样品是 $Ca_3Co_4O_9$ 相而不是 $Ca_3Co_2O_6$ 相的原因。$Ca_3Co_4O_9$ 相的分解和合成过程伴随着吸热和放热的发生。图 3-10(b)表明热流与氧的吸收和释放相关。加热过程中在 1 243 K 时可以看到一个吸热峰与放氧过程相对应;冷却过程中在 1 200 K 时有一个放热峰与吸氧过程相对应。然而,XRD 与 SEM结果表明,$Ca_3Co_4O_9$ 相的分解和再合成过程对织构结构的生长不利,这就使得在 1 243 K 时制备的样品晶粒排布变得杂乱无章,造成取向度减小。其中的原因可能是 $Ca_3Co_4O_9$ 相和 $Ca_3Co_2O_6$ 相之间存在结构差异。$Ca_3Co_4O_9$ 的结构是一层 CdI_2-型 CoO_2 三角晶格和一个三层的岩盐型 Ca_2CoO_3 间隔沿 c 轴堆积而成,而在 $Ca_3Co_2O_6$ 结构中,共面的 CoO_6 三棱柱和 CoO_6 八面体交替出现,组成了一维的 Co_2O_6 链,而这些平行的一维链被八配位的 Ca^{2+} 分割。在冷却的过程中,当一维结构的 $Ca_3Co_2O_6$ 相变为二维结构的 $Ca_3Co_4O_9$ 相时,样品晶粒的分布可能完全或部分保持 $Ca_3Co_2O_6$ 相的结构,所以冷却过程重新形成 $Ca_3Co_4O_9$ 相的晶粒分布就变得杂乱。

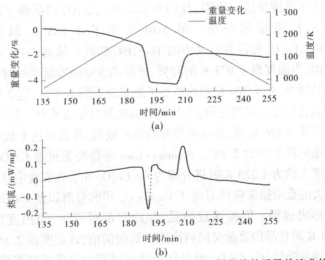

图 3-10　在 1 183 K 制备的 $Ca_{2.7}Bi_{0.3}Co_4O_9$ 样品的热重及热流曲线

为了证实 $Ca_3Co_4O_9$ 相的分解与织构结构的破坏之间的关联,我们选取在 1 223 K 制备的具有织构结构的样品在 1 243 K 下加热 5 h,然后快速退火到室温,使之保持高温时的结构。图 3-11 中的 SEM 结果表明热处理后的样品的晶粒由片状变成了球状,即 Ca$_3$Co$_2$O$_6$ 晶粒的形状。这个结果说明 Ca$_3$Co$_4$O$_9$ 相的分解确实破坏了织构的结构。

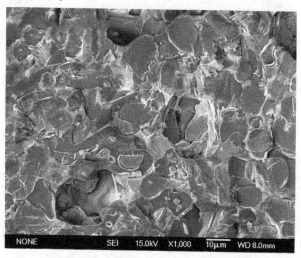

图 3-11　在 1 243 K 热处理后的 Ca$_{2.7}$Bi$_{0.3}$Co$_4$O$_9$ 样品的断口 SEM 照片

3.4.5　热电性能

图 3-12 给出了在不同温度下制备样品的电导率随温度的变化。电导率是沿着垂直于模具成型压力的方向测量的。对于织构样品来说,即 ab 面内的电导率。为了比较,在 1 223 K 制备样品沿 c 轴方向的电导率也在图 3-12 中给出。图 3-12 中有几个方面值得关注。第一,在 1 203 K 和 1 223 K 制备的样品的电导率要比在 1 183 K 时制备的样品的电导率大得多。高的晶粒取向度、大的晶粒尺寸和高的相对密度是导致这两个样品具有高电导率的主要原因。第二,虽然在 1 243 K 制备的样品的晶粒尺寸和相对密度更大,但它的电导率却比在 1 203 K 和 1 223 K 制备的样品低,

因分解造成的取向度变低应该是造成这一现象的主要原因。第三,对于在 1 223 K 制备的样品,其 ab 面内的电导率显著大于沿 c 轴方向,二者的比值约为 4。

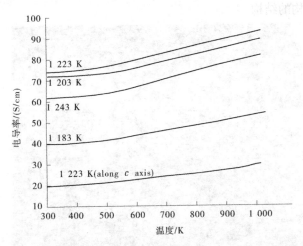

图 3-12　在不同温度下制备的 $Ca_{2.7}Bi_{0.3}Co_4O_9$ 样品的电导率随温度的变化

图 3-13 给出了在不同温度下制备的 $Ca_{2.7}Bi_{0.3}Co_4O_9$ 样品的塞贝克系数随温度的变化,其测量方向与导电率的测量方向相同。塞贝克系数随着温度的增加而呈线性增加并且是正值,这说明是空穴导电。同时,塞贝克系数随着烧结温度的增加略微变小。对于在 1 223 K 制备的样品,在低温区其 ab 面内的塞贝克系数略小于沿 c 轴方向的塞贝克系数,但随着温度的升高,二者的差别越来越小,到高温时二者几乎相等,这说明织构的结构对塞贝克系数的影响较小。

图 3-14 表示四个样品的功率因子 ($P = S^2\sigma$) 随温度的变化。功率因子是利用图 3-12 和图 3-13 中的数据计算出来的。在 1 203 K 和 1 223 K 制备的样品的功率因子几乎相同,由于高的取向度导致高的电导率,这两个样品的功率因子比在 1 183 K 和 1 243 K

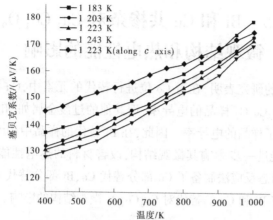

图 3-13 在不同温度下制备的 Ca$_{2.7}$Bi$_{0.3}$Co$_4$O$_9$
样品的塞贝克系数随温度的变化

制备的样品的功率因子要大。对于在 1 223 K 制备的样品,其沿 c
轴方向的功率因子只有 ab 面内的功率因子的 1/3。

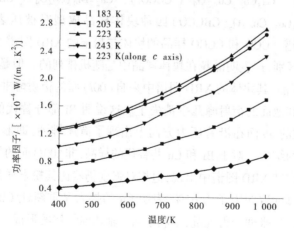

图 3-14 在不同温度下制备的 Ca$_{2.7}$Bi$_{0.3}$Co$_4$O$_9$
样品的功率因子随温度的变化

3.5 Bi 和 Cu 共掺杂对 $Ca_3Co_4O_9$ 微观结构和热电性能的影响

先前的研究表明,在对 Co 位进行替代的元素中,Cu 替代 Co 提高了 $Ca_3Co_4O_9$ 样品的电导率,而其他的过渡金属如 Ni、Fe、Mn 等都降低了样品的电导率。因此,在 Bi 替代的样品中用 Cu 替代 Co,有可能进一步影响其微观结构,改善材料的热电性能。在本节中,用固态反应法制备了 Cu 部分替代 Co、Bi 部分替代 Ca 的样品,以研究 Bi 和 Cu 的替代对 $Ca_3Co_4O_9$ 微观结构的影响。

3.5.1 XRD 图谱分析

四种样品的粉末 XRD 图谱分析结果表明,四种样品都具有 $Ca_3Co_4O_9$ 结构,没有明显的杂相出现。图 3-15 给出了 $Ca_3Co_4O_9$(CCO)、$Ca_3Co_{3.7}Cu_{0.3}O_9$(CCCO)、$Ca_{2.7}Bi_{0.3}Co_4O_9$(CBCO)、$Ca_{2.7}Bi_{0.3}Co_{3.7}Cu_{0.3}O_9$(CBCCO)四种块体样品成型时被压表面的 XRD 图谱。CCO 和 CCCO 样品的块体与粉末的 XRD 图谱之间没有明显区别,这表明晶粒在块体样品中是随机排列的。但是,对于 CBCO 样品,其块体的 XRD 图谱中来自($00l$)面的衍射峰非常强,而来自其他面的衍射峰几乎消失了。这说明 Bi 部分替代的样品中,晶粒的 ab 面在沿着压力方向上出现了有序排列,即形成了 c 轴取向的结构。对于 Bi 和 Cu 共替代的样品,非($00l$)面的衍射峰又开始在其 XRD 图谱中出现,但相对强度仍然比其粉末样品的要弱。计算的取向因子为 65%,表明 Cu 的掺入又重新让 CBCO 样品中的晶粒排列变得混乱,不利于对 c 轴取向结构的形成。

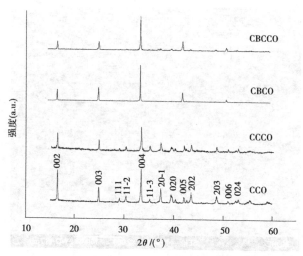

**图 3-15　CCO、CCCO、CBCO、CBCCO 块体样品表面
（垂直于成型压力方向）的 XRD 图谱**

3.5.2　SEM 照片

图 3-16 给出了四种样品断面的 SEM 照片。可以看出，在 CCO 和 CCCO 样品中，片状的晶粒呈现杂乱分布，且二者的晶粒尺寸基本相同，这表明 Cu 替代对样品的晶粒生长和排列几乎没有影响。而对于 Bi 替代的样品，片状晶粒沿着成型压力轴方向整齐排列，形成了 c 轴取向结构，这与 XRD 图谱分析结果一致。

此外，CBCO 样品的晶粒尺寸也明显增大，晶粒长大和有序排列都会有利于电导率的提高。对于 CBCCO 样品，Cu 的掺入导致晶粒进一步增大增厚。Cu 对其单独替代样品的生长几乎没有影响，但当 Bi 元素出现时，Cu 反而又能促进晶粒生长，其原因目前尚不清楚。此外，CBCCO 样品中晶粒的排列由于 Cu 的出现而变得较为杂乱，由此导致了成型时受压面 XRD 图谱中非（00l）峰的重新出现。

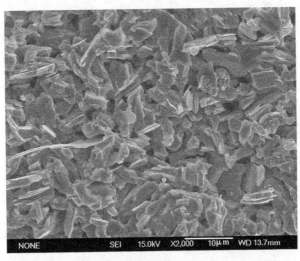

(a)CCO

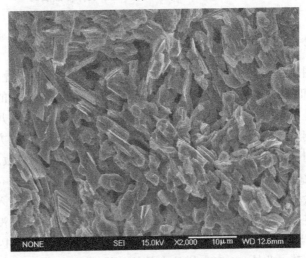

(b)CCCO

图 3-16　CCO、CCCO、CBCO、CBCCO 样品的断面 SEM 照片

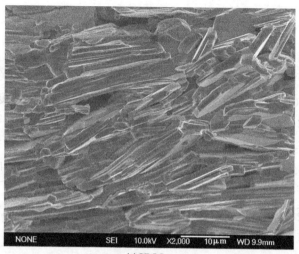

(c)CBCO

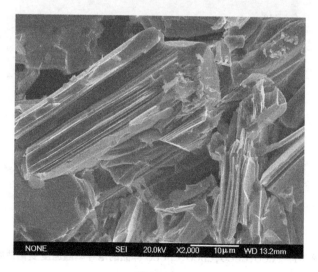

(d)CBCCO

续图 3-16

3.5.3　热电性能

图 3-17 是沿垂直于成型压力方向测量的电导率(σ)(对于 c 轴取向的样品,即为 ab 面内的电导率)随温度(T)变化的关系图。对于 CCCO 样品,Cu^{2+} 部分替代 Co^{3+} 提高了样品的空穴浓度,而微观结构与 CCO 样品没有大的差异,因此 CCCO 样品的电导率比 CCO 样品有所提高。Bi^{3+} 部分替代 Ca^{2+} 虽然降低了样品的空穴浓度,但是由于取向结构的形成和晶粒的长大,Bi 替代样品的电导率显著提高。Cu 部分替代含 Bi 样品中的 Co 进一步提高了晶粒尺寸,并且空穴浓度也比 CBCO 样品有所提高,因此虽然晶粒取向度有所下降,但 CBCCO 的电导率还是提高了。

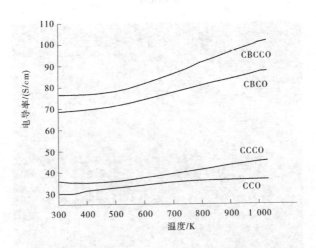

图 3-17　CCO,CCCO,CBCO,CBCCO 样品的电导率随温度变化曲线

四个样品的塞贝克系数(S)随温度(T)的变化关系如图 3-18 所示。塞贝克系数的测量与电导率测量的方向相同。所

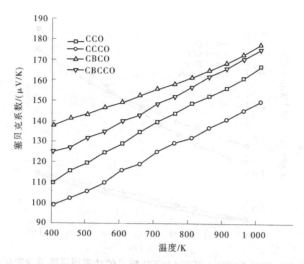

图 3-18　CCO、CCCO、CBCO、CBCCO 样品的塞贝克系数随温度变化曲线

有样品的 S 值都随着温度的升高而增加,并且是正值,这说明是空穴导电。由于塞贝克系数随载流子浓度的增大而减小,因此 Cu 替代的样品的 S 值比 Ca₃Co₄O₉ 样品的 S 值小,而 Bi 掺入降低了载流子浓度,从而增大了样品的塞贝克系数。Cu 和 Bi 共替代样品的塞贝克系数比 CBCO 有所减小,但仍然大于 CCCO 样品。

　　图 3-19 显示了四个样品的功率因子($P = S^2 \sigma$)随温度的变化。CCO 和 CCCO 样品功率因子在测量的温区基本相同,1 000 K 时约为 $1.0 \times 10^{-4} W/(m \cdot K^2)$。而 Bi 替代以及 Cu 和 Bi 共替代样品的功率因子显著增大,在低温区 Bi 替代样品的功率因子大于共替代样品,在高温区 Cu 和 Bi 共替代样品大于 Bi 替代样品。1 000 K 时,Cu 和 Bi 共替代样品的功率因子达到 $3.1 \times 10^{-4} W/(m \cdot K^2)$。

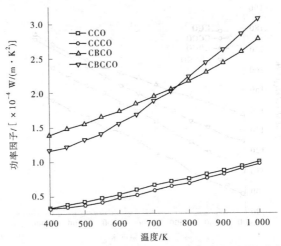

图 3-19　CCO、CCCO、CBCO、CBCCO 样品的功率因子随温度变化曲线

3.6　本章小结

利用传统固态反应法在 1 223 K 制备了 $Ca_{3-x}Bi_xCo_4O_9(x=0,$ 0.3)样品。XRD 图谱和 SEM 照片分析表明,$Ca_{2.7}Bi_{0.3}Co_4O_9$ 样品呈 c 轴取向结构,而 $Ca_3Co_4O_9$ 晶粒分布杂乱无序。同时,Bi 掺杂提高了 $Ca_{2.7}Bi_{0.3}Co_4O_9$ 样品的晶粒尺寸和相对密度。具有织构结构 $Ca_{2.7}Bi_{0.3}Co_4O_9$ 样品 ab 面内的电导率是沿 c 轴方向的 4 倍,但是塞贝克系数与热导率在这两个方向上变化不大,导致 $Ca_{2.7}Bi_{0.3}Co_4O_9$ 在 ab 面内的功率因子和品质因子比无织构的 $Ca_3Co_4O_9$ 的显著增大。$Ca_{2.7}Bi_{0.3}Co_4O_9$ 样品的织构结构的形成归因于 Bi 的掺杂。

在 1 203 K 和 1 223 K 时制备的 $Ca_{2.7}Bi_{0.3}Co_4O_9$ 样品具有高的取向度、大的晶粒尺寸和高的相对密度。当烧结温度低于

1 203 K 时,样品结构的取向度显著降低,电导率和功率因子也随之降低。当烧结温度高于 1 226 K 时,$Ca_{2.7}Bi_{0.3}Co_4O_9$ 开始放氧进而分解,虽然在冷却的过程中释放的氧能够重新被吸收,但氧的释放和吸收过程破坏了晶体的织构结构。因此,高取向度的 $Ca_{2.7}Bi_{0.3}Co_4O_9$ 氧化物仅能在 1 203~1 223 K 温区内制备。

Cu 部分替代 Co 对 $CaCo_{3.7}Cu_{0.3}O_9$ 晶粒生长影响较小;而 Bi 部分替代 Ca 增大了 $Ca_{2.7}Bi_{0.3}Co_4O_9$ 晶粒尺寸,而且晶粒在成型压力方向上整齐排列,形成了 c 轴取向的结构。Cu 和 Bi 共替代进一步增大 $Ca_{2.7}Bi_{0.3}Co_{3.7}Cu_{0.3}O_9$ 晶粒尺寸,但取向度有所下降。Cu、Bi 替代都提高了样品的电导率;Bi 替代增大了塞贝克系数,而 Cu 替代使其有所降低。Cu 和 Bi 共替代样品具有最好的高温热电性能,1 000 K 时,其电导率、塞贝克系数和功率因子分别为 102 S/cm、173 μV/K 和 $3.1×10^{-4}$ W/(m·K²)。

4 $Bi_2Ba_2Co_2O_y$ 型氧化物的 制备及热电性能研究

4.1 引 言

元素掺杂可以促进晶格畸变,改变载流子浓度、迁移率以及晶粒的生长,是提高材料热电性能的有效途径。这一方法在 $NaCo_2O_4$ 和 $Ca_3Co_4O_9$ 体系中已经得到了充分运用。其中,Cu 部分替代 Co 可以显著提高 $NaCo_2O_4$ 和 $Ca_3Co_4O_9$ 的热电性能。对于 $Bi_2Ba_2Co_2O_y$ 体系,Sakai 等报道 Pb 部分替代 Bi 可以同时提高塞贝克系数并降低电阻率,因此功率因子得到显著提高。本章利用固相反应法制备了 Cu 掺杂的 $Bi_2Ba_2Co_{2-x}Cu_xO_y$ 样品,Pb 和 La 掺杂的 $(Bi, Pb)_2(Ba, La)_2Co_2O_y$ 样品,以研究元素掺杂对 $Bi_2Ba_2Co_2O_y$ 微观结构和热电性能的影响。

4.2 样品制备

采用固相反应法制备 $Bi_2Ba_2Co_{2-x}Cu_xO_y$($x = 0$, 0.2, 0.4, 0.6)以 及 $Bi_2Ba_2Co_2O_y$(BBCO)、$Bi_{1.8}Pb_{0.2}Ba_2Co_2O_y$(BPBCO)、$Bi_{1.8}Pb_{0.2}Ba_{1.8}La_{0.2}Co_2O_y$(BPBLCO)样品。将 Bi_2O_3、$BaCO_3$、Co_3O_4、CuO、PbO、La_2O_3 按化学计量比称量,充分研磨后装入坩埚中,在空气气氛中以 5 ℃/min 的升温速率升至 720 ℃,保持 10 h 后降至室温。再次研磨后,用粉末压片机压制成片,将压好的片在 740 ℃烧结 20 h,然后自然降至室温。

4.3 Cu 掺杂对 Bi$_2$Ba$_2$Co$_2$O$_y$ 热电性能的影响

4.3.1 XRD 图谱与 SEM 照片分析

图 4-1 给出了 Bi$_2$Ba$_2$Co$_{2-x}$Cu$_x$O$_y$($x=0$, 0.2, 0.4, 0.6) 粉末样品的 XRD 衍射图。XRD 图谱分析结果表明，所有样品具有 Bi$_2$Ba$_2$Co$_2$O$_y$ 结构，无明显的杂相出现。层状的晶格结构导致样品的($00l$)衍射峰的强度明显高于其他峰。

图 4-2 给出了 Bi$_2$Ba$_2$Co$_{2-x}$Cu$_x$O$_y$($x=0$, 0.2, 0.4, 0.6) 样品断面的 SEM 照片。从图 4-2 中可以看出，所有样品的晶粒都呈明显的片状结构，这与该材料的层状晶格结构有关。此外，Cu 掺杂促进了晶粒的生长。当 Cu 含量 $x \leqslant 0.4$ 时，晶粒尺寸随 Cu 含量的增加而增大，进一步增加 Cu 含量反而导致晶粒尺寸的减小。晶粒长大将有利于电导率的提高。

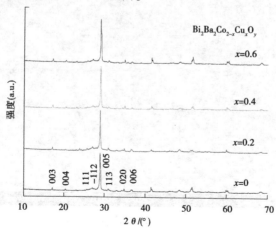

图 4-1 Bi$_2$Ba$_2$Co$_{2-x}$Cu$_x$O$_y$($x=0,0.2,0.4,0.6$)粉末样品的 XRD 图谱

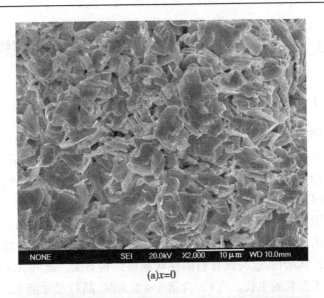

(a)$x=0$

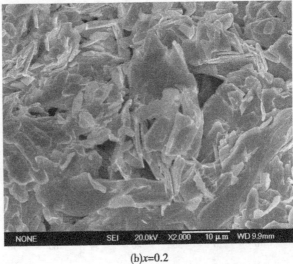

(b)$x=0.2$

图 4-2　$Bi_2Ba_2Co_{2-x}Cu_xO_y$ ($x=0,0.2,0.4,0.6$)样品断面的 SEM 照片

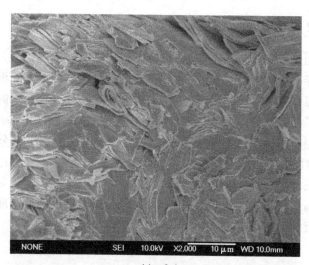

(c)x=0.4

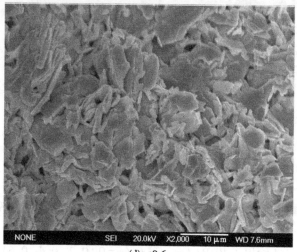

(d)x=0.6

续图 4-2

4.3.2　热电性能

图 4-4 给出了 $Bi_2Ba_2Co_{2-x}Cu_xO_y$（$x=0$, 0.2, 0.4, 0.6）样品的电导率（σ）随温度变化的曲线。所有样品的电导率都随温度增加而降低,呈现金属性特征。与未掺杂样品相比,Cu 元素的掺入提高了样品的导电性能,其中 $x=0.4$ 样品具有最大的电导率。Cu 掺杂提高样品导电性能的原因可能有两个:一是 Cu^{2+} 部分替代 Co^{3+} 增加了空穴浓度,因而提高了电导率。二是 Cu 掺杂促进了晶粒生长,晶粒的长大降低了载流子的晶界散射强度,有利于导电率的提高。与 $x=0.4$ 样品相比,$x=0.6$ 样品电导率的降低可能与其晶粒尺寸的减小有关。

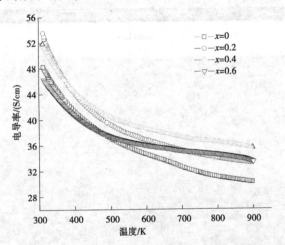

图 4-3　$Bi_2Ba_2Co_{2-x}Cu_xO_y$（$x=0$, 0.2, 0.4, 0.6）样品的电导率随温度变化曲线

图 4-4 给出了 $Bi_2Ba_2Co_{2-x}Cu_xO_y$（$x=0$, 0.2, 0.4, 0.6）样品的塞贝克系数（S）随温度变化的曲线。所有样品的塞贝克系数都是正值,表明材料为 p 型导电,主要载流子为空穴。此外,随着 Cu

掺杂量增加,样品的塞贝克系数不断增大。

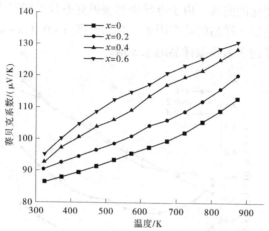

图 4-4 $Bi_2Ba_2Co_{2-x}Cu_xO_y(x=0,0.2,0.4,0.6)$ 样品的塞贝克系数
随温度变化曲线

按照传统的半导体理论,样品的塞贝克系数随载流子浓度的
增加而降低。Cu^{2+} 替代 Co^{3+} 增加了载流子的浓度,因此塞贝克系
数应该是降低的,这与实验结果相矛盾。为了解释这一矛盾,Xu
等引入了修正的 Mott 公式来表示材料的塞贝克系数:

$$S = \frac{c_e}{n} + \frac{\pi^2 k_B^2 T}{3e} \left[\frac{\partial \ln \mu(\varepsilon)}{\partial \varepsilon} \right]_{\varepsilon = \varepsilon_F} \tag{4-1}$$

其中

$$c_e = (\pi^2 k_B^2 T/3e) \psi(\varepsilon) \tag{4-2}$$

式中,n 为载流子浓度;$\mu(\varepsilon)$ 为载流子迁移率;k_B 为波尔兹曼常
数;$\psi(\varepsilon)$ 为态密度;T 为绝对温度;e 为电子电量。

根据式(4-1)的第一项,Cu 掺杂增加了载流子的浓度,塞贝克
系数应该是降低的,而实验结果表明 Cu 掺杂增大了样品的塞贝
克系数。因此,$Bi_2Ba_2Co_{2-x}Cu_xO_y$ 样品的塞贝克系数应该主要由
式(4-1)的第二项决定,即与能量关联的载流子迁移率有关。

图 4-5 给出了 $Bi_2Ba_2Co_{2-x}Cu_xO_y$ 样品的功率因子 $P(P=S^2\sigma)$ 随温度变化的曲线。由于电导率和塞贝克系数的同时提高，Cu 掺杂显著提高了样品的功率因子。在高温区，$x=0.4$，$x=0.6$ 样品的功率因子约为未掺杂样品的 1.5 倍。

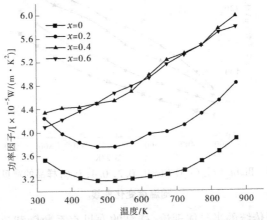

图 4-5　$Bi_2Ba_2Co_{2-x}Cu_xO_y$（$x=0$, 0.2, 0.4, 0.6）样品的功率因子随温度变化曲线

图 4-6 给出了 $Bi_2Ba_2Co_{2-x}Cu_xO_y$（$x=0$, 0.4）样品的热导率（κ）和品质因子 ZT 值（$ZT=S^2\sigma T/\kappa$）随温度变化关系。材料的热导率（κ）由晶格热导率（κ_1）和载流子热导率（κ_e）两部分组成：$\kappa=\kappa_1+\kappa_e$。其中，载流子热导率可由 Wiedemann-Franz 定理求出：$\kappa_e=L\sigma T$，L 为洛伦兹常数。该式表明电导率的增加将导致载流子热导率的增加。然而，图 4-6 表明 Cu 掺杂对样品的热导率几乎没有影响，因此 $Bi_2Ba_2Co_{2-x}Cu_xO_y$ 材料的热导率应主要由晶格热导率决定。一般来说，在载流子浓度较低时，热电材料的电子热导率比较低，因此电子热导率在总热导率中所占的分量不大，材料中绝大部分热传导是声子的贡献，即晶格振动对热传导起主要作用。

与未掺杂的样品相比，由于电导率以及塞贝克系数的增大，

$x=0.4$ 样品的品质因子显著提高。在 873 K,其 ZT 值达到未掺杂样品的 1.5 倍。

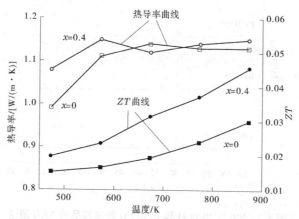

图4-6 $Bi_2Ba_2Co_{2-x}Cu_xO_y(x=0, 0.4)$ 样品的热导率和 ZT 值随温度变化的关系

4.4 Pb 和 La 掺杂对 $Bi_2Ba_2Co_2O_y$ 热电性能的影响

4.4.1 XRD 与 SEM 分析

图 4-7 是 $Bi_2Ba_2Co_2O_y$(BBCO)、$Bi_{1.8}Pb_{0.2}Ba_2Co_2O_y$(BPBCO)、$Bi_{1.8}Pb_{0.2}Ba_{1.8}La_{0.2}Co_2O_y$(BPBLCO)样品的 XRD 衍射图。可以看到,Pb 和 La 掺杂后没有出现明显的杂相。

图 4-8 是 BBCO、BPBCO 和 BPBLCO 样品断面的 SEM 照片。可以看到,掺杂 Pb 和 La 元素后,样品晶粒依然为层状结构。Pb 掺杂使得晶粒尺寸略有增大,再掺入 La 元素后,晶粒尺寸进一步增加。

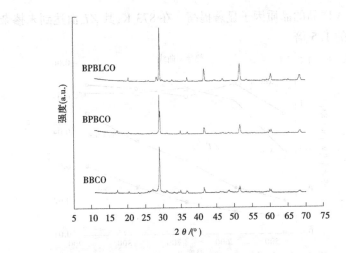

图 4-7　BBCO、BPBCO 和 BPBLCO 粉末样品的 XRD 图谱

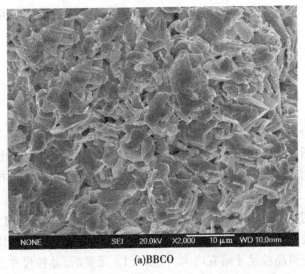

(a)BBCO

图 4-8　BBCO、BPBCO 和 BPBLCO 样品断面的 SEM 照片

(b)BPBCO

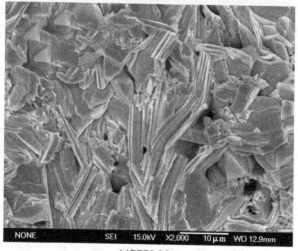

(c)BPBLCO

续图 4-8

4.4.2 热电性能

图 4-9 给出了 BBCO、BPBCO 和 BPBLCO 样品的电导率随温度变化的曲线。首先,掺杂后的样品的电导率随着温度的升高而升高,整体呈现出半导体的特征,而未掺杂的 $Bi_2Ba_2Co_2O_y$ 样品呈现金属特征。其次,Pb 掺杂导致高温区的电导率显著提高。在900 K 时,BBCO 样品的电导率为 30 S/cm,BPBCO 样品的电导率为 53 S/cm。最后,La 掺杂导致电导率进一步提高。在 900 K 时BPBLCO 样品的电导率接近 60 S/cm,是未掺杂样品的 2 倍。Pb掺杂提高电导率的原因可能有两个:一是 Pb^{2+} 代替 Bi^{3+} 提高了CoO_2 导电层的载流子浓度,电导率因此得到提高;二是 Pb 掺杂增大了晶粒尺寸,降低了晶界对载流子的散射,提高了电导率。La掺杂对电导率的影响因素更为复杂:第一,La^{3+} 替代 Ba^{2+} 降低了空穴的浓度,导致了电导率的降低;第二,由于 La^{3+} 的离子半径小于Ba^{2+} 的离子半径,La 替代 Bi 导致晶格 c 轴变短,导电层中 Co 和 O

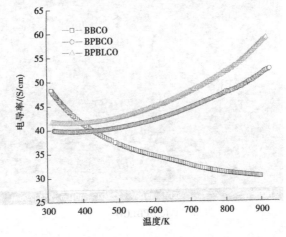

图 4-9   BBCO、BPBCO 和 BPBLCO 样品的电导率随温度变化曲线

之间的距离也因此变小,从而更利于载流子的迁移,电导率提高;第三,La 掺杂增大了晶粒尺寸,降低了晶界对载流子的散射,提高了电导率。以上三种原因共同影响 La 掺杂样品材料的导电性能。从结果来看,后两种因素的效应要大于载流子浓度减小带来的影响,因此 BPBLCO 样品的电导率升高。

图 4-10 给出了 BBCO、BPBCO 和 BPBLCO 样品的塞贝克系数随温度变化的曲线。所有样品的塞贝克系数都是正值,说明掺杂和未掺杂的样品都是 p 型半导体。BBCO 和 BPBCO 样品的塞贝克系数随温度的升高而增大,BPBLCO 样品的塞贝克系数随着温度的升高而出现降低的趋势。Pb 替代同时提高了电导率与塞贝克系数,这与传统的半导体导电理论相矛盾。造成这一现象的原因可能与 BBCO 的层状错配结构有关。有文献报道,Pb 元素的替代能够增强盐岩层内部的绝缘性,从而使塞贝克系数得到提高。La^{3+} 替代 Ba^{2+},能够使 Co^{4+} 转变为 Co^{3+},而 Co 离子平均价态的改变进一步影响 CoO_2 层的晶体结构,可能出现对称性的缺失、错排等情况。这种情况最终导致 BPBLCO 样品变为半导体导电,塞贝克系数随温度下降。

图 4-11 给出了 BBCO、BPBCO 和 BPBLCO 样品的功率因子随温度变化的曲线。可以看出,BBCO、BPBCO 样品的功率因子随着温度的升高而升高,但是由于塞贝克系数随温度的下降,BPBLCO 样品的功率因子随着温度的升高而降低。在低温区,BPBLCO 样品的功率因子最大,在 323 K 时,BPBLCO 样品的功率因子可达 12×10^{-5} W/(m·K²),是 BBCO 样品的 3 倍。在高温区,BPBCO 样品的功率因子最大,在 923 K 时,BPBCO 样品的功率因子为 10×10^{-5} W/(m·K²),是 BBCO 样品的 2.5 倍。

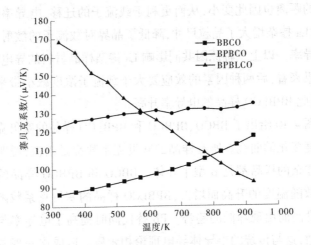

图 4-10　BBCO、BPBCO 和 BPBLCO 样品的塞贝克系数随温度变化曲线

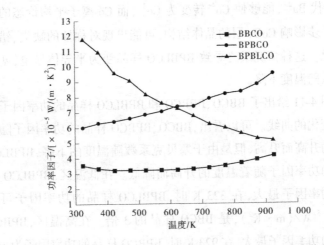

图 4-11　BBCO、BPBCO 和 BPBLCO 样品的功率因子随温度变化曲线

4.5　本章小结

采用固态反应法制备了 $Bi_2Ba_2Co_{2-x}Cu_xO_y$ ($x=0$, 0.2, 0.4, 0.6)样品,研究了 Cu 掺杂对样品微观结构和热电性能的影响。由于载流子浓度以及晶粒尺寸的增大,Cu 部分替代 Co 提高了样品的电导率。此外,Cu 掺杂增大了样品的塞贝克系数,而样品的热导率基本保持不变。其中 $x=0.4$ 样品具有最高的品质因子,在873 K,其 ZT 值可达未掺杂样品的 1.5 倍。因此,Cu 掺杂能够有效提高 $Bi_2Ba_2Co_2O_y$ 体系热电性能。

Pb 部分替代 Bi 使得 BPBCO 样品的晶粒尺寸略有增大,再掺入 La 元素后,BPBLCO 样品的晶粒尺寸进一步增加。与未掺杂的 $Bi_2Ba_2Co_2O_y$ 样品不同,掺杂后的样品的电导率随着温度的升高而升高,整体呈现出半导体的特征。Pb 替代 Bi 同时增大了电导率与塞贝克系数,造成这一现象的原因可能与 BBCO 的层状错配结构有关。La 掺杂导致 BPBLCO 样品高温区的电导率进一步提高,塞贝克系数随温度的升高而下降。在低温区,Pb 和 La 共掺杂样品 BPBLCO 的功率因子最大,在高温区,Pb 掺杂样品 BPBCO 的功率因子最大。

5 $Bi_2Sr_2Co_2O_y$ 型氧化物的制备及热电性能研究

5.1 引　言

$Bi_2Sr_2Co_2O_y$ 热电材料具有较高的电导率和塞贝克系数,以及较低的热导率,是目前研究较广泛的热电材料。元素掺杂是提高材料热电性能有效的途径。本章采用 Cu、Pb、La 作为掺杂元素,通过传统的固相反应法制备了 Cu 掺杂的 $Bi_2Sr_2Co_{2-x}Cu_xO_y$ 样品、Pb 和 La 掺杂的 $(Bi,Pb)_2(Sr,La)_2Co_2O_y$ 样品。利用 XRD 图谱和 SEM 照片分析了元素掺杂对样品的物相以及晶粒形貌的影响,同时研究掺杂对样品的电导率、塞贝克系数和功率因子的影响。

5.2 样品制备

采用固相反应法制备 $Bi_2Sr_2Co_{2-x}Cu_xO_y (x=0,0.2,0.4)$ 以及 $Bi_2Sr_2Co_2O_y$ (BSCO)、$Bi_{1.5}Pb_{0.5}Sr_2Co_2O_y$ (BPSCO)、$Bi_{1.5}Pb_{0.5}Sr_{1.8}La_{0.2}Co_2O_y$ (BPSLCO) 样品。将 Bi_2O_3、$SrCO_3$、Co_3O_4、CuO、PbO、La_2O_3 按化学计量比称量,充分研磨后装入坩埚中,在空气气氛中以 5 ℃/min 的升温速率升至 800 ℃,保持 10 h 后降至室温。再次研磨后,用粉末压片机压制成片。将压好的片在 800 ℃ 烧结 20 h,然后自然降至室温。

5.3 Cu 掺杂对 $Bi_2Sr_2Co_2O_y$ 热电性能的影响

5.3.1 XRD 图谱与 SEM 照片分析

图 5-1 给出了 $Bi_2Sr_2Co_{2-x}Cu_xO_y(x=0,\ 0.2,\ 0.4)$ 粉末样品的 XRD 衍射图。结果表明所有样品具有 $Bi_2Sr_2Co_2O_y$ 结构,无明显的杂相出现。层状的晶格结构导致样品的($00l$)衍射峰的强度明显高于其他峰。

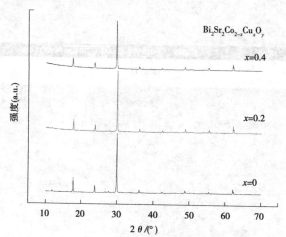

图 5-1 $Bi_2Sr_2Co_{2-x}Cu_xO_y(x=0,0.2,0.4)$**粉末样品的** XRD **图谱**

图 5-2 给出了 $Bi_2Sr_2Co_{2-x}Cu_xO_y(x=0,\ 0.2,\ 0.4)$ 样品断面的 SEM 照片。可以看出,所有样品的晶粒都呈明显的片状结构,这与该材料的层状晶格结构有关。此外,Cu 掺杂促进了晶粒的生长,晶粒尺寸随 Cu 含量的增加而增大。晶粒长大将有利于电导率的提高。

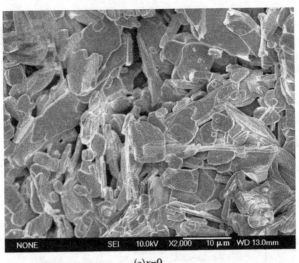

(a)$x=0$

(b)$x=0.2$

图 5-2　$Bi_2Sr_2Co_{2-x}Cu_xO_y(x=0,0.2,0.4)$ 样品断面的 SEM 照片

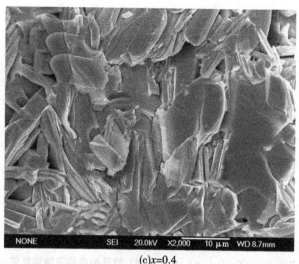

NONE　　SEI　20.0KV　X2,000　10 μm　WD 8.7mm

(c)$x=0.4$

续图 5-2

5.3.2　热电性能

图 5-3 给出了 Bi$_2$Sr$_2$Co$_{2-x}$Cu$_x$O$_y$($x=0$, 0.2, 0.4)样品的电导率(σ)随温度变化的曲线。与未掺杂的样品相比,Cu 元素的掺杂提高了样品的导电性能,其中 $x=0.2$ 样品具有最大的电导率。Cu 掺杂提高样品导电性能的原因可能有两个:一是 Cu^{2+} 部分替代 Co^{3+} 增加了空穴浓度,因而提高了电导率。二是 Cu 掺杂促进了晶粒生长,晶粒的长大降低了载流子的晶界散射强度,有利于电导率的提高。图 5-3 表明 $x=0$ 和 0.2 样品的电导率都随温度升高而降低,呈现金属性特征;而 $x=0.4$ 样品的电导率在低温时表现为半导体导电,当温度高于 620 K 时转变为金属导电。此外,$x=0.4$ 样品的电导率要小于 $x=0.2$ 样品的电导率,这表明过量的 Cu 掺杂反而会降低 Bi$_2$Sr$_2$Co$_{2-x}$Cu$_x$O$_y$ 的导电性能。

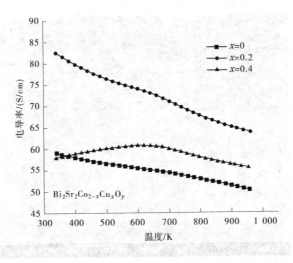

图 5-3　$Bi_2Sr_2Co_{2-x}Cu_xO_y(x=0, 0.2, 0.4)$ 样品的电导率随温度变化的曲线

　　图 5-4 给出了 $Bi_2Sr_2Co_{2-x}Cu_xO_y(x=0, 0.2, 0.4)$ 样品的塞贝克系数(S)随温度变化的曲线。所有样品的塞贝克系数都是正值,表明材料为 p 型导电,主要载流子为空穴。此外,随着 Cu 掺杂量增加,样品的塞贝克系数不断增大。按照传统的半导体理论,样品的塞贝克系数随载流子浓度的增加而减小。Cu^{2+} 替代 Co^{3+} 增加了载流子的浓度,因此塞贝克系数应该是降低的,这与实验结果相矛盾。其中的原因应该与 BBCO 体系相同,即该类材料的错配层状结构有关。

　　图 5-5 给出了 $Bi_2Sr_2Co_{2-x}Cu_xO_y(x=0, 0.2, 0.4)$ 样品的功率因子($P=S^2\sigma$)随温度变化的曲线。由于电导率和塞贝克系数的同时增大,Cu 掺杂显著提高了样品的功率因子。在高温区,$x=0.2$ 样品的功率因子约为未掺杂样品的 2 倍。

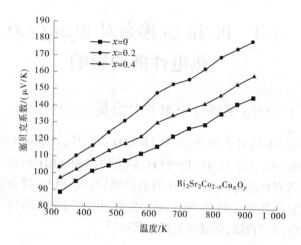

图 5-4 $Bi_2Sr_2Co_{2-x}Cu_xO_y(x=0, 0.2, 0.4)$ 样品的塞贝克系数随温度变化曲线

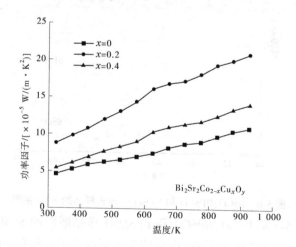

图 5-5 $Bi_2Sr_2Co_{2-x}Cu_xO_y(x=0, 0.2, 0.4)$ 样品的功率因子随温度变化曲线

5.4 Pb 和 La 掺杂对 $Bi_2Sr_2Co_2O_y$ 热电性能的影响

5.4.1 XRD 图谱与 SEM 照片分析

图 5-6 给出了 $Bi_2Sr_2Co_2O_y$（BSCO）、$Bi_{1.8}Pb_{0.2}Sr_2Co_2O_y$（BPSCO）、$Bi_{1.8}Pb_{0.2}Sr_{1.8}La_{0.2}Co_2O_y$（BPSLCO）粉末样品的 XRD 衍射图。结果表明所有样品都具有 BSCO 的单斜结构，Pb 和 La 掺杂后没有出现明显的杂相。与 $Bi_2Ba_2Co_2O_y$ 相似，层状的晶格结构导致样品的（00l）衍射峰的强度明显高于其他峰。

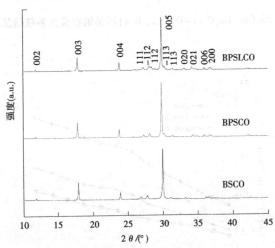

图 5-6　BSCO、BPSCO 和 BPSLCO 粉末样品的 XRD 图谱

图 5-7 是 BSCO、BPSCO 和 BPSLCO 样品断面的 SEM 照片。层状晶格结构导致晶粒在 ab 面的生长速度大于 c 轴方向的生长速度，因此三个样品的晶粒形貌均呈现层片状。Pb 掺杂对晶粒尺寸影响较小，再掺入 La 后，晶粒尺寸显著增加，这将有助于提高

BPSLCO 样品的电导率。

(a)BSCO

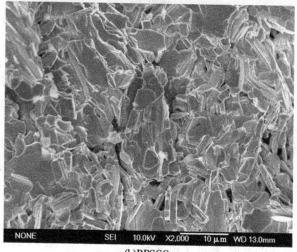

(b)BPSCO

图 5-7 BSCO、BPSCO 和 BPSLCO 样品断面的 SEM 照片

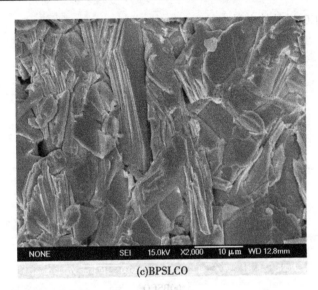

(c)BPSLCO

续图 5-7

5.4.2 热电性能

图 5-8 给出了 BSCO、BPSCO 和 BPSLCO 样品的电导率随温度变化的曲线。可以看出,三个样品的电导率随温度升高而降低,呈现金属特征。Pb 和 La 掺杂能够有效地提高 BSCO 体系的电导率。Pb^{2+} 代替 Bi^{3+} 提高了 CoO_2 导电层的载流子浓度,电导率因此得到提高。La^{3+} 替代 Sr^{2+} 降低了空穴的浓度,电导率应该随之降低。然而,La 掺杂样品的电导率实际增大了。原因可能有两个:第一,由于 La^{3+} 的半径小于 Sr^{2+} 的半径,La 替代 Sr 导致晶格 c 轴变短,导电层中 Co 和 O 之间的距离也因此变小,从而更利于载流子的迁移,电导率提高;第二,La 掺杂增大了晶粒尺寸,降低了晶界对载流子的散射,提高了电导率。

图 5-9 给出了 BSCO、BPSCO 和 BPSLCO 样品的塞贝克系数随温度变化的曲线。所有样品的塞贝克系数都是正值,说明掺杂和

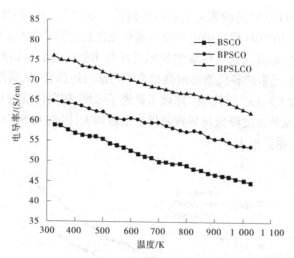

图 5-8 BSCO、BPSCO 和 BPSLCO 样品的电导率随温度变化的的曲线

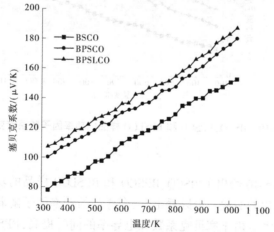

图 5-9 BSCO、BPSCO 和 BPSLCO 样品的塞贝克系数随温度变化曲线

未掺杂的样品都是 p 型半导体。样品的塞贝克系数随温度的升高
而增大。Pb 替代 Bi 提高了 BPSCO 样品的塞贝克系数, La 替代 Sr

使 BPSLCO 样品的塞贝克系数得到进一步增大。Pb 替代 Bi 同时增大了 BPSCO 样品的电导率与塞贝克系数,其原因应与 BBCO 体系相同,即造成这一现象的原因可能与 BSCO 的层状错配结构有关。Pb 元素的替代能够增强盐岩层内部的绝缘性,从而使塞贝克系数增大。La^{3+} 替代 Sr^{2+} 降低了载流子浓度,按照传统的半导体理论,载流子浓度降低将导致塞贝克系数增大,因此 BPSLCO 样品的塞贝克系数增大。

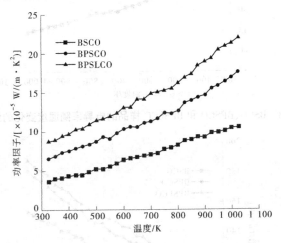

图 5-10　BSCO、BPSCO 和 BPSLCO 样品的功率因子随温度变化曲线

图 5-10 给出了 BSCO、BPSCO 和 BPSLCO 样品的功率因子随温度变化的曲线。可以看出,三个样品的功率因子随着温度的升高而增大。由于塞贝克系数和电导率的同时提高,BPSCO 和 BP-SCO 样品的功率因子比未掺杂的 BSCO 样品显著增大。其中,Pb 和 La 共掺杂样品的功率因子最高,在 1 000 K 时可达 2.1×10^{-4} W/(m · K^2),是 BSCO 样品的 2 倍。

5.5　本章小结

　　Cu 掺杂提高了 $Bi_2Sr_2Co_{2-x}Cu_xO_y(x=0,0.2,0.4)$ 样品的晶粒尺寸和载流子浓度,样品的电导率随之提高。此外,载流子迁移率的变化增大了含 Cu 样品的塞贝克系数。由于电导率和塞贝克系数的同时增大,Cu 掺杂显著增大了样品的功率因子。在高温区,$x=0.2$ 样品的功率因子约为未掺杂样品的 2 倍。

　　Pb 掺杂对晶粒尺寸影响较小,再掺入 La 元素后,晶粒尺寸显著增加。Pb^{2+} 代替 Bi^{3+} 提高了 CoO_2 导电层的载流子浓度,电导率因此得到提高。La 替代 Sr 增大了晶粒尺寸,降低了晶界对载流子的散射,提高了电导率。Pb 替代 Bi 增大了 BPSCO 样品的塞贝克系数,La 替代 Sr 使 BPSLCO 样品的塞贝克系数得到进一步增大。因此,Pb 和 La 掺杂能够有效地提高 BSCO 体系的热电性能。

6　$Bi_2Ca_2Co_2O_y$ 型氧化物的制备及热电性能研究

6.1　引　言

$Bi_2Ca_2Co_2O_y$ 热电材料具有较高的塞贝克系数,但是电阻率相对较高,因此通过掺杂改善其导电性能可以提高材料的热电性能。本章采用 Cu、Pb、La 作为掺杂元素,通过固相反应法制备了 Cu 掺杂的 $Bi_2Ca_2Co_{2-x}Cu_xO_y$ 样品, Pb 和 La 掺杂的 $(Bi,Pb)_2(Ca,La)_2Co_2O_y$ 样品。利用 XRD 和 SEM 对其物相以及形貌进行分析和讨论,然后研究元素掺杂对样品的电导率、塞贝克系数和功率因子的影响。

6.2　样品制备

采用固相反应法制备 $Bi_2Ca_2Co_{2-x}Cu_xO_y(x=0, 0.2, 0.4)$ 以及 $Bi_2Ca_2Co_2O_y$（BCCO）、$Bi_{1.5}Pb_{0.5}Ca_2Co_2O_y$（BPCCO）、$Bi_{1.5}Pb_{0.5}Ca_{1.8}La_{0.2}Co_2O_y$（BPCLCO）样品。将 Bi_2O_3、$CaCO_3$、Co_3O_4、CuO、PbO、La_2O_3 按化学计量比称量,充分研磨后装入坩埚中,在空气气氛中以 5 ℃/min 的升温速率升至 760 ℃,保持 10 h 后降至室温。再次研磨后,用粉末压片机压制成片。将压好的片在 760 ℃烧结 20 h,然后自然降至室温。

6.3 Cu 掺杂对 Bi$_2$Ca$_2$Co$_2$O$_y$ 热电性能的影响

6.3.1 XRD 图谱与 SEM 照片分析

图 6-1 为 Bi$_2$Ca$_2$Co$_{2-x}$Cu$_x$O$_y$($x=0,0.2,0.4$)粉末样品的 XRD 衍射图。可以看出掺杂 Cu 的 XRD 衍射图谱与未掺杂的完全相同,没有杂相生成。

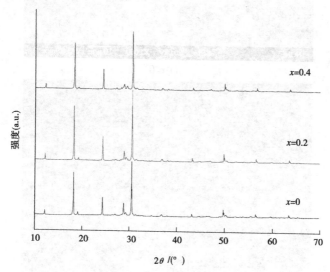

图 6-1 Bi$_2$Ca$_2$Co$_{2-x}$Cu$_x$O$_y$($x=0,0.2,0.4$)**粉末样品的 XRD 图谱**

图 6-2 为 Bi$_2$Ca$_2$Co$_{2-x}$Cu$_x$O$_y$($x=0,0.2,0.4$)样品断面的 SEM 照片。可以看出,样品的晶粒呈层状结构。未掺杂样品的晶粒比较细小,随着掺杂量的增加,晶粒尺寸不断增大,层状结构更加明显。

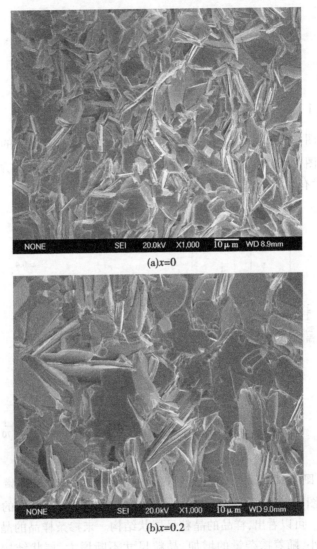

(a)$x=0$

(b)$x=0.2$

图 6-2　$Bi_2Ca_2Co_{2-x}Cu_xO_y(x=0,0.2,0.4)$ 样品断面的 SEM 照片

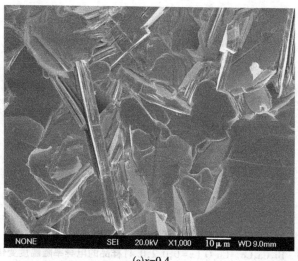

(c)x=0.4

续图 6-2

6.3.2 热电性能

图 6-3 为 Bi$_2$Ca$_2$Co$_{2-x}$Cu$_x$O$_y$($x=0,0.2,0.4$)样品的电导率随温度变化的曲线。图 6-3 表明,对于未掺杂样品,电导率随温度上升表现为先升后降。转折温度约为 600 K。Cu 掺杂样品保持了这一趋势,但转折温度随着 Cu 含量的增加逐渐降低。在低温区,BCCO 样品的本征激发随着温度的上升而增强,载流子浓度增加,因而电导率增加。随着温度进一步上升,晶格振动加强,进而对载流子散射加强,降低了载流子迁移率,所以电导率随温度升高而降低。

相比未掺杂的样品,掺 Cu 后样品的电导率都明显增加,其中 $x=0.2$ 样品的电导率最高,随着掺杂量的增加,$x=0.4$ 样品的电导率再次降低。在掺杂量较低的情况下,Cu 原子占据 Co 原子的位置,形成 Cu^{2+},相比于 Co^{3+}或 Co^{4+},Cu 掺杂提供了更多的空穴,使载流子浓度提高,从而电导率增加。另外,掺杂后材料的晶粒尺

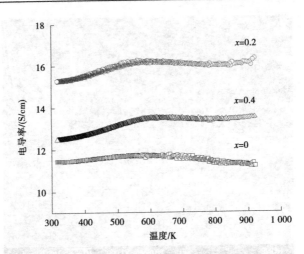

图 6-3 $Bi_2Ca_2Co_{2-x}Cu_xO_y$ ($x=0,0.2,0.4$) 样品的电导率随温度变化曲线

寸显著增加,载流子的晶界散射降低,迁移率升高,导致电导率增加。但是,随着掺杂浓度的提高,电离杂质对载流子的散射作用也随之增强,降低了载流子的迁移率,电导率降低。这可能是 $x=0.4$ 样品电导率降低的原因。这三种作用的相互竞争导致了以上的实验结果。

图 6-4 给出了 $Bi_2Ca_2Co_{2-x}Cu_xO_y$ ($x=0,0.2,0.4$) 样品的塞贝克系数随温度变化的曲线。所有样品的塞贝克系数都为正值,表明样品为 p 型半导体。随着温度的升高,样品的塞贝克系数都是增大的趋势。从掺杂量上看,掺杂后的塞贝克系数减小,而且掺杂量 $x=0.2$ 的样品比 $x=0.4$ 样品的塞贝克系数小。由传统的理论可知,塞贝克系数与电导率成反比例关系,电导率的升高导致塞贝克系数的降低,这与实验结果相一致。

利用电导率和塞贝克系数数据,可以计算出样品的功率因子 P ($P=S^2\sigma$) 随温度变化的关系。图 6-5 给出了 $Bi_2Ca_2Co_{2-x}Cu_xO_y$ ($x=0,0.2,0.4$) 样品的功率因子随温度变化的曲线。可以看出,样品的功率因子随温度的升高而增大,在低温区未掺杂样品的功率因子高于 Cu 掺杂样品的功率因子,而在高温区域 Cu 掺杂样品的功率因子大于未掺杂样品的功率因子。

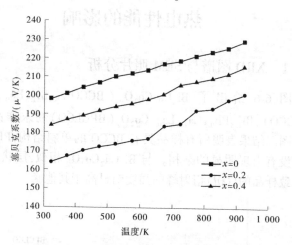

图 6-4 $Bi_2Ca_2Co_{2-x}Cu_xO_y(x=0,0.2,0.4)$ 样品的塞贝克系数随温度变化曲线

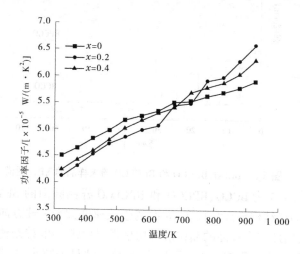

图 6-5 $Bi_2Ca_2Co_{2-x}Cu_xO_y(x=0,0.2,0.4)$ 样品的功率因子随温度变化曲线

6.4　Pb 和 La 掺杂对 $Bi_2Ca_2Co_2O_y$ 热电性能的影响

6.4.1　XRD 图谱与 SEM 照片分析

图 6-6 给出了 $Bi_2Ca_2Co_2O_y$（BCCO）、$Bi_{1.5}Pb_{0.5}Ca_2Co_2O_y$（BPCCO）、$Bi_{1.5}Pb_{0.5}Ca_{1.8}La_{0.2}Co_2O_y$（BPCLCO）粉末样品的 XRD 衍射图。结果表明所有样品具有 BCCO 的单斜结构，Pb 和 La 掺杂后没有出现明显的杂相。与 $Bi_2Ca_2Co_2O_y$ 相似，层状的晶格结构导致样品的($00l$)衍射峰的强度明显高于其他峰。

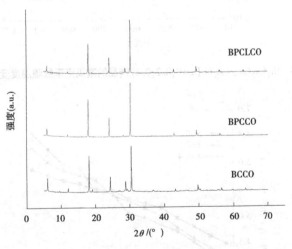

图 6-6　BCCO、BPCCO 和 BPCLCO 粉末样品的 XRD 图谱

图 6-7 为 BCCO、BPCCO 和 BPCLCO 样品断面的 SEM 照片。层状晶格结构导致晶粒在 ab 面的生长速度大于 c 轴方向的生长速度，因此三个样品的晶粒形貌均呈现层片状。Pb 掺杂使晶粒尺寸明显增大。再掺入 La 元素后，晶粒尺寸显著减小，这与 BBCO

和 BSCO 体系 La 掺杂的结果相反。

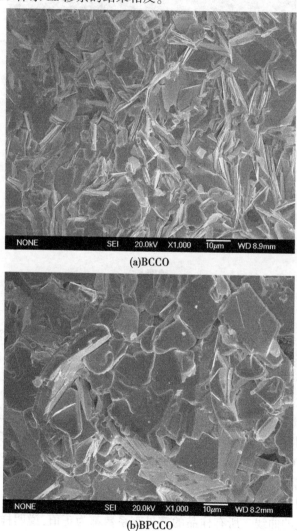

(a)BCCO

(b)BPCCO

图 6-7　BCCO、BPCCO 和 BPCLCO 样品断面的 SEM 照片

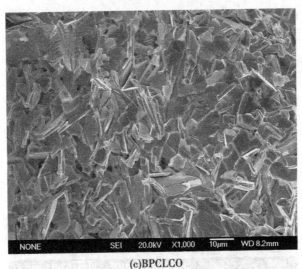

(c)BPCLCO

续图 6-7

6.4.2 热电性能

图 6-8 为 BCCO、BPCCO 和 BPCLCO 样品的电导率随温度变化的曲线。与未掺杂样品不同,Pb 和 La 掺杂后的样品的电导率都随着温度升高而增大,呈现半导体特性。

此外,Pb 掺杂提高了 BPCCO 样品的电导率。这应该与 Pb^{2+} 代替 Bi^{3+} 提高了载流子浓度以及晶粒长大提高载流子迁移率有关。相对于 Pb 掺杂的 BPCCO 样品,La 的进一步出现降低了 BPCLCO 的电导率。这应该与 La^{3+} 代替 Ca^{2+} 降低了载流子浓度以及晶粒变小降低了载流子迁移率有关。

图 6-9 是 BCCO、BPCCO 和 BPCLCO 样品的塞贝克系数随温度变化的曲线。所有样品的塞贝克系数都为正值,说明样品为 p 型半导体,载流子以空穴为主。与 BBCO 和 BSCO 体系不同,Pb 掺杂减小了 BPCCO 样品的塞贝克系数。与 Pb 掺杂样品相比,La

元素的出现增大了 BPCLCO 样品的塞贝克系数,塞贝克系数随温度的变化趋势也发生了变化。在室温至 600 K 之间,Pb 和 La 共同掺杂后样品的塞贝克系数随温度的升高而减小。La^{3+} 替代 Ca^{2+},会使空穴载流子的浓度降低,导致塞贝克系数的增大。

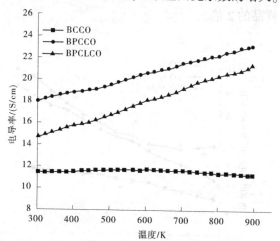

图 6-8 BCCO、BPCCO 和 BPCLCO 样品的电导率随温度变化曲线

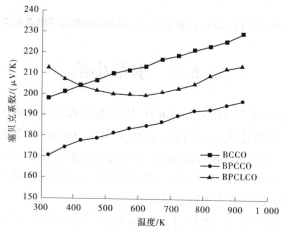

图 6-9 BCCO、BPCCO 和 BPCLCO 样品的 Seebeck 系数随温度变化曲线

　　图 6-10 为 BCCO、BPCCO 和 BPCLCO 样品的功率因子随温度变化的曲线。由于电导率的增加,Pb 和 La 掺杂提高了 BCCO 体系的功率因子。其中 Pb 和 La 共同掺杂样品的功率因子最高。在 923 K,BPCLCO 的功率因子可达 10×10^{-5} W/(m·K^2),约为 BCCO 样品的 2 倍。

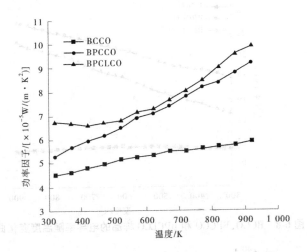

图 6-10　BCCO、BPCCO 和 BPCLCO 样品的功率因子随温度变化曲线

6.5　本章小结

　　Cu 替代 Co 使 Bi$_2$Ca$_2$Co$_2$O$_y$ 体系的空穴载流子浓度增加,晶粒尺寸明显增大,从而提高了 Bi$_2$Ca$_2$Co$_{2-x}$Cu$_x$O$_y$ 样品的电导率。同时,由于载流子浓度的增加,塞贝克系数随之减小。在低温区未掺杂样品的功率因子高于 Cu 掺杂样品,而在高温区域 Cu 掺杂样品的功率因子大于未掺杂样品。

　　与未掺杂样品不同,Pb 和 La 掺杂后的样品的电导率都是随着温度升高而增大,呈现半导体特性。此外,Pb 掺杂提高了载流子浓度以及晶粒尺寸,BPCCO 样品的电导率由此提高。相对于 Pb 掺杂的 BPCCO 样品,La^{3+} 代替 Ca^{2+} 降低了载流子浓度以及晶粒尺寸,因此 La 出现降低了 BPCLCO 的电导率。Pb 掺杂减小了 BPCCO 样品的塞贝克系数。与 Pb 掺杂样品相比,La 元素的出现增大了 BPCLCO 样品的塞贝克系数。由于电导率的增加起主要作用,Pb 和 La 掺杂增大了 BCCO 体系的功率因子。

7　结　论

本书选取具有层状结构的两类钴基氧化物热电材料，$Ca_3Co_4O_9$ 和 $Bi_2M_2Co_2O_y$（M = Ba，Sr，Ca）为研究对象，利用固态反应法制备 Bi 和 Cu 掺杂的 $Ca_3Co_4O_9$ 样品，Cu、Pb、La 掺杂的 $Bi_2M_2Co_2O_y$ 样品，考察了元素掺杂对样品微观结构和热电性能的影响。具体结论如下：

利用固态反应法在 1 223 K 制备 $Ca_{3-x}Bi_xCo_4O_9$（$x = 0$，0.3）样品。XRD 图谱和 SEM 照片分析表明，含 Bi 的 $Ca_{2.7}Bi_{0.3}Co_4O_9$ 样品晶粒排列呈现 c 轴取向结构，而不含 Bi 的 $Ca_3Co_4O_9$ 晶粒分布杂乱无序。同时，Bi 掺杂提高了 $Ca_{2.7}Bi_{0.3}Co_4O_9$ 样品的晶粒尺寸和相对密度。因此得出结论：成型压力能够使片状结构的 $Ca_{2.7}Bi_{0.3}Co_4O_9$ 晶粒初步形成有序的排列，在烧结过程中，Bi 元素的出现进一步促进片状晶粒的滑移与堆垛，从而形成 c 轴高的取向度的结构。

实验结果表明，当烧结温度为 1 183 K 时，$Ca_{2.7}Bi_{0.3}Co_4O_9$ 晶粒生长动力较低，样品不能形成高取向度生长的结构。当烧结温度高于 1 226 K 时，$Ca_{2.7}Bi_{0.3}Co_4O_9$ 会因放氧而分解，虽然在冷却的过程中被释放的氧能够重新吸回，但氧的释放和吸附过程破坏了晶体的织构结构。因此，高取向度的 $Ca_{2.7}Bi_{0.3}Co_4O_9$ 氧化物仅能在 1 203~1 223 K 制备。

电性能测量结果表明，具有织构结构的 $Ca_{2.7}Bi_{0.3}Co_4O_9$ 样品 ab 面内的电导率与热导率要大于沿 c 轴的电导率和热导率，而两个方向的塞贝克系数基本相同。ab 面内高的电导率导致该面内的功率因子与品质因子显著高于 c 轴方向，该值与利用热压方法

制备的 c 轴取向的 $Ca_3Co_4O_9$ 样品相当。

Cu 部分替代 Co 对 $Ca_3Co_{3.7}Cu_{0.3}O_9$ 的晶粒生长影响较小;而 Bi 部分替代 Ca 增大了 $Ca_{2.7}Bi_{0.3}Co_4O_9$ 的晶粒尺寸。Cu 和 Bi 共同替代进一步增大 $Ca_{2.7}Bi_{0.3}Co_{3.7}Cu_{0.3}O_9$ 晶粒尺寸,但取向度有所下降。Cu、Bi 替代都提高了样品的电导率;Bi 替代增大了塞贝克系数,而 Cu 替代使其有所降低。Cu 和 Bi 共替代样品具有最好的高温热电性能。

采用固态反应法制备 $Bi_2M_2(Co,Cu)_2O_y$(M = Ba, Sr, Ca)样品,研究 Cu 掺杂对样品微观结构和热电性能的影响。由于载流子浓度以及晶粒尺寸的增大,Cu 部分替代 Co 提高了 $Bi_2M_2(Co,Cu)_2O_y$(M = Ba, Sr, Ca)三个体系样品的电导率。而对于样品的塞贝克系数,Cu 掺杂对三个体系的影响有所区别。Cu 掺杂增大了 $Bi_2M_2(Co,Cu)_2O_y$(M = Ba, Sr)两个体系的塞贝克系数,而减小了 $Bi_2M_2(Co,Cu)_2O_y$(M = Ca)体系的塞贝克系数。由于电导率和塞贝克系数的同时增大,Cu 掺杂显著提高了 $Bi_2M_2(Co,Cu)_2O_y$(M = Ba, Sr)两个体系的功率因子。因此,对这两个体系而言,Cu 掺杂是一种能够有效提高热电性能的方法。

采用固态反应法制备 Pb 掺杂的 $(Bi,Pb)_2M_2Co_2O_y$(M = Ba, Sr, Ca)样品以及 Pb、La 共掺杂的 $(Bi,Pb)_2(M,La)_2Co_2O_y$(M = Ba, Sr, Ca)样品。研究了这两类元素掺杂对 $Bi_2M_2Co_2O_y$(M = Ba, Sr, Ca)样品微观结构和热电性能的影响。

对于 BBCO 体系,Pb 部分替代 Bi 使得 BPBCO 样品的晶粒尺寸略有增大,再掺入 La 元素后,BPBLCO 样品的晶粒尺寸进一步增加。Pb 替代 Bi 同时增大了电导率与塞贝克系数。La 掺杂导致 BPBLCO 样品高温区的电导率进一步提高,塞贝克系数随温度的升高而下降。在低温区,Pb 和 La 共掺杂样品 BPBLCO 的功率因子最大,在高温区,Pb 掺杂样品 BPBCO 的功率因子最大。

对于 BSCO 体系,Pb 掺杂对晶粒尺寸影响较小,再掺入 La 元素后,晶粒尺寸显著增加。Pb^{2+} 代替 Bi^{3+} 提高了 BPSCO 的电导率。La 替代 Sr 增大了晶粒尺寸,降低了晶界对载流子的散射,提高了电导率。Pb 替代 Bi 增大了 BPSCO 样品的塞贝克系数,La 替代 Sr 使 BPSLCO 样品的塞贝克系数得到进一步增大。因此,Pb 和 La 掺杂能够有效地提高 BSCO 体系的热电性能。

对于 BCCO 体系,Pb 和 La 掺杂后的样品的电导率都是随着温度升高而增大,呈现半导体特性。此外,Pb 掺杂提高 BPCCO 样品的电导率,而 La 出现降低了 BPCLCO 的电导率。Pb 掺杂减小了 BPCCO 样品的塞贝克系数,La 元素的出现增大了 BPCLCO 样品的塞贝克系数。由于电导率的增加起主要作用,Pb 和 La 掺杂依然提高了 BCCO 体系的功率因子。

参 考 文 献

[1] 高敏,张景韶, D M Rowe. 温差电转换及其应用[M]. 北京:兵器工业出版社, 1996.

[2] G Mahan, B Sales, J Sharp. Thermoelectric materials: new approaches to an old problem[J]. Physics Today, 1997,50(1):42-47.

[3] F J DiSalvo. Thermoelectric Cooling and Power Generation[J]. Science, 1999,285:703-706.

[4] 刘恩科, 朱秉升, 罗晋升. 半导体物理学[M].北京:国防工业出版社, 1994.

[5] N F Mott, H Jones. The theory of the properties of metals and alloys[M]. Dove, New York,1958.

[6] A Poddar, S Das, B Chattopadhyay. Effect of alkaline-earth and transition metals on the electrical transport of double perovskites[J]. J. Appl. Phys., 2004, 95(11):6261-6267.

[7] A Banerjee, S Pal, S Bhattacharya,et al.Particle size and magnetic field dependent resistivity and thermoelectric power of $La_{0.5}Pb_{0.5}MnO_3$ above and below metal-insulator transition[J]. J. Appl. Phys., 2002, 91(8):5125-5134.

[8] J E Parrott. Transport theory of semiconductor energy conversion[J]. J. Appl. Phys, 1982, 53(12):9105-9111.

[9] W M Yin, A Amith. Bi-Te Alloys for Magneto-Thermoelectric and Thermomagnetic Cooling[J]. Solid State Electronics, 1972, 15(10):1141-1165.

[10] F A Shunk. Constituents of Binary Alloys[M]. New York:McGraw-Hill, 1969.

[11] C M Bahandar, D M Rowe. Silicon-Germanium Alloys As High Temperature Thermoelectric Materials[J]. Contemporary Physics, 1980, 21(3): 219-242.

[12] J Seo, K Park, D Lee,et al. Thermoelectric properties of hot-pressed n-

type $Bi_2Te_{2.85}Se_{0.15}$ compounds doped with SbI_3[J]. Mater. Sci. Eng. B, 1997, 49(3):247-250.

[13] J Seo, K Park, D Lee,et al. Microstructure and thermoelectric properties of p-type $Bi_{0.5}Sb_{0.5}Te_{0.5}$ compounds fabricated by hot pressing and hot extrusion[J]. Script. Mater. , 1998, 38(3):477-484.

[14] R Martin-Lopez, B Lenoir, A Dauscher, et al. Preparation of n-type Bi-Sb-Te thermoelectric material by mechanical alloying[J]. Solid State Commun. , 1998,108(5):285-288.

[15] J Seo, D Cho, K Park,et al. Fabrication and thermoelectric properties of p-type $Bi_{0.5}Sb_{1.5}Te_3$ compounds by ingot extrusion[J]. Mater. Res. Bull. , 2000, 35(13):2157-2163.

[16] G A Slack. In CRC Handbook of Thermoelectrics [M]. Ed. By D. M. Rowe, CRC Press, Boca Raton, 1995.

[17] D G Cahill, S K Watson, R O Pohl. Lower limit to the thermal conductivity of disordered crystals[J]. Phys. Rev. B, 1992,46:6131-6140.

[18] B C Sales, D Mandrus, B C Chakoumakos,et al. Thompson. Filled skutterudite antimonyides: electron crystals and phonon Glasses[J]. Phy. Rev. B, 1997, 56(23):15081-15089.

[19] G S Nolas, J L Cohn, G A Slack. Effect of partial void filling on the lattice thermal conductivity of skudderudites[J]. Phys. Rev. B, 1998,58:164-170.

[20] N P Blake, S Latturner, J D Bryan,et al. Band structure and thermoelectric properties of the clatrates $Ba_8Ga_{16}Ge_{30}$, $Sr_8Ga_{16}Ge_{30}$, $Ba_8Ga_{16}Si_{30}$, and $Ba_8In_{16}Sn_{30}$[J]. J. Chem. Phys. , 2001, 115(17):8060-8073.

[21] M A Avila, K Suekuni, K Umeo,et al. Takabatake. Glasslike versus crystalline thermal conductivity in carrier-tuned $Ba_8Ga_{16}X_{30}$ clathrates (X = Ge, Sn) [J]. Phys. Rev. B, 2006,74:125109.

[22] H Hohl, A P Ramirez, C Goldmann,et al. Efficient dopants for ZrNiSn-based thermoelectric materials[J]. J. Phys. : Condens. Matter. ,1999,11: 1697-1709.

[23] C Uher, J Yang, S Hu,et al. Transport properties of pure and doped MNiSn

(M=Zr, Hf) [J]. Phys. Rev. B, 1999,59:8612-8615.

[24] I Terasaki, Y Sasago, K Uchinokura. Large Thermoelectric Power in $NaCo_2O_4$ Single Crystals [J]. Phys. Rev. B. , 1997, 56 (20): 12685-12687.

[25] H Yakabe, K Fujita, K Nakamura. Thermoelectric Properties of $Na_xCoO_{2-\delta}$ ($x=0.5$) System: Focusing on Partially Substituting Effects. 17th International Conference on Thermoelectrics[C]. Nogaya, IEEE. 1998:551-558.

[26] K Park, K U Jang, H C Kwon, et al. Influence of Partial Substitution of Cu for Co on the Thermoelectric Properties of $NaCo_2O_4$[J]. J. Alloys Compd, 2006,419:213-219.

[27] M Ito, T Nagira, Y Oda, et al. Effect of partial Substitution of 3d Transition Metals for Co on the Thermoelectric Properties of $NaCo_2O_4$[J], Mater. Trans. 2002,43:601-607.

[28] T Motohashi, E Naujalis, R Ueda, et al. Simultaneously Enhanced Thermoelectric Power and Reduced Resistivity of $Na_xCo_2O_4$ by Controlling Na Non-stoichiometry[J]. Apply. Phys. Lett. 2001,79(10):1480-1482.

[29] D J Singh. Electronic Structure of $NaCo_2O_4$[J]. Phys. Rev. B. 2000,61: 13397-13402.

[30] R Ray, A Ghoshray. ^{59}Co NMR Studies of Metallic $NaCo_2O_4$[J]. Phys. Rev. B. 2000,59:9454-9461.

[31] I Terasaki. Cobalt Oxides and Kondo Semiconductors: A Pseudogap System as a Thermoelectric Material[J]. Mater Trans. 2001,42(6):951-955.

[32] Y Ando, N Miyamoto, K Segawa. Specific-heat Evidence for Strong Electron Correlateions in the Thermoelectric Materials (Na, Ca) Co_2O_4 [J]. Phys. Rev. B. 1999,60(12) :10580-10583.

[33] K Takahata, Y Iguchi, D Tanaka. Low thermal conductivity of the layered oxide (Na, Ca) Co_2O_4: Another example of Phonon glass and an electron crystal[J], Phys. Rev. B. 2000,61(19):12551-12555.

[34] I Terasaki. Physical Properties of $NaCo_2O_4$ and Related Oxides: Strongly Correlated Layered Oxides as Thermoelectric Materials. 18th International Conference on Thermoelectrics[C]. Baltimore, IEEE. 2000:569-576.

[35] W Koshibae, S Mackawa. Effects of Orbital Degeneracy on the Thermo-power of Strongly Correlated Systems[J]. Phys. Rev. Lett. 2001,87(23): 236603-236606.

[36] W Koshibae, S Maekawa. Exact-diagonalization Study of Thermoelectric Response in Strongly Correlated Electron Systems [J]. Phys. B. 2003, 329-333:896-897.

[37] K Fujita, T Mochida, K Nakamura. High-Temperature Thermoelectric Properties of $Na_xCoO_{2-\delta}$ Single Crystals[J]. Jpn. J. Appl. Phys. 2001, 40:4644-4648.

[38] M Shikano, R Funahashi. Electrical and thermal properties of single-crys-talline $(Ca_2CoO_3)_{0.7}CoO_2$ with a $Ca_3Co_4O_9$ structure [J]. Appl. Phys. Lett. , 2003,82:1851-1853.

[39] A C Masset, C Michel, A Maignan, et al. Misfit-layered cobaltite with an anisotropic giant magnetoresistance: $Ca_3Co_4O_9$[J]. Phys. Rev. B. 2000, 62:166-175.

[40] H Minami, K Itaka, H Kawaji. Rapid Synthesis and Characterization of $(Ca_{1-x}Ba_x)_3Co_4O_9$ Thin Films Using Combinational Methods[J]. J. Appl. Phys. 2004,826(3):834-836.

[41] S W Li, R Funahashi, I Matsubara. Synthesis and Thermoelectric Properties of the New Oxide Ceramics $Ca_{3-x}Sr_xCo_4O_{9+\delta}(x=0\sim1.0)$ [J]. Ceram. Int. 2001,27:321-324.

[42] G J Xu, R Funahashi, M Shikano. High Temperature Transport Properties of $Ca_{3-x}Na_xCo_4O_9$ System[J]. Solid State Commun. 2002, 124:73-76.

[43] M Masashi, A Naoko, G Emmanuel. Effect of Bi Substitution on Microstructure and Thermoelectric Properties of Polycrystalline $[Ca_2CoO_3]_pCoO_2$[J]. Jpn. J. Appl. Phys. 2006,45(5):4131-4136.

[44] G J Xu, R Funahashi, M Shikano, et al. Thermoeletric Propertyes of the Bi- and Na- Substituted $Ca_3Co_4O_9$ System[J]. Appl. Phys. Lett. 2002, 80: 3760-3762.

[45] D L Wang, L D Chen, Q Yao. High-temperature Thermoelectric Properties of $Ca_3Co_4O_{9+\delta}$ with Eu Substitution[J]. Solid State Commun. 2004, 129:

615-618.

[46] D L Wang, L D Chen, Q Wang, et al. Fabrication and Thermoelectric Properties of $Ca_{3-x}Dy_xCo_4O_{9+\delta}$ System[J]. J. Alloys Compd. 2004, 376: 58-61.

[47] I Matsubara, R Funahashi, T Takeuchi, et al. Thermoelectric Properties of Spark Plasma Sintered $Ca_{2.75}Gd_{0.25}Co_4O_9$ Ceramics[J]. J. Appl. Phys. 2001, 90: 462-465.

[48] M Prevel, O Perez, J G Noudem. Bulk Textured $Ca_{2.5}(RE)_{0.5}Co_4O_9$(RE: Pr, Nd, Eu, Dy and Yb) Thermoelectric Oxides by Sinter-forging[J]. Solid State Sci. 2007, 9: 231-235.

[49] Y Miyazaki, Y Suzuki, T Miural. Effect of 3d-Transition Metal Substitution on the Thermoelectric Properties of the Misfit - Layered Cobalt Oxide $[Ca_2CoO_3]_pCoO_2$. 22nd International conference on thermoelectrics[C]. La Grande Motte. France, IEEE. 2003: 203-206.

[50] D Li, X Y Qin, Y J Gu, et al. The Effect of Mn Substitution on the Thermoelectric Properties of $Ca_3Mn_xCo_{4-x}O_9$ at Low Temperatures[J]. Solid State Commun. 2005, 134: 235-238.

[51] Q Yao, D L Wang, L D Chen. Effects of Partial Substitution of Transition Metals for Cobalt on the High - temprature Thermoelectric Properties of $Ca_3Co_4O_{9+\delta}$[J]. J. Appl. Phys. 2005, 97(10): 103905-103908.

[52] I Hiroshi, S Jun, T Toshihiko. Enhancement of Electrical Conductivity in Thermoelectric $[Ca_2CoO_3]_{0.62}CoO_2$ Ceramics by Texture Improvement[J]. Jpn. J. Phys, 2004, 43(8): 5134-5139.

[53] E Guilmeau, R Funahashi. Thermoelectric Properties-texture Relationship in Highly Oriented $Ca_3Co_4O_9$ Composites[J]. Appl. Phys. Lett. 2004, 85 (9): 1490-1492.

[54] M Prevel, S Lemonnier, Y Kelvin. Textured $Ca_3Co_4O_9$ Thermoelectric Oxides by Thermoforging Process[J]. J. Appl. Phys. 2005, 98(1): 93706-93709.

[55] J Shmoyama, S Horii. Synthesis and Thermoelectric Properties of Magnetically c-Axis-Oriented $[Ca_2CoO_{3-\delta}]_{0.62}CoO_2$ Bulk with Various Ox-

ygen Content[J]. Jpn. J. Appl. Phys. 2003,42:L194-L197.

[56] R Funahashi, I Matsubara, H Ikuta, et al. An Oxide Single Crystal with High Thermoelectric Performance in Air[J]. Jpn. J. Appl. Phys. 2000, 39: L1127-L1129.

[57] R Funahashi, S Urata. Enhancement of Thermoelectric Figure of Merit by Incorporation of Large Single Crystals in $Ca_3Co_4O_9$ Bulk Materials[J]. J. Mater. Res. 2003,18:1646-1651.

[58] R Funahashi, I Matsubara, S Sodeoka, Thermoelectric properties of $Bi_2Sr_2Co_2O_x$ polycrystalline materials[J], Appl. Phys. Lett. 2000, 76 (17):2385-2387.

[59] R Funahashi, M Shikano, $Bi_2Sr_2Co_2O_y$ whiskers with high thermoelectric figure of merit[J], Appl. Phys. Lett. , 2002,81:1459-1461.

[60] R Funahashi, I Matsubara, Thermoelect ric properties of Pb - and Ca-doped $(Bi_2Sr_2O_4)_xCoO_2$ whiskers[J]. Appl. Phys. Lett. 2001,79: 362-364.

[61] G J Xu, R Funahashi, M Shikano, et al. Thermoelectric properties of $Bi_{2.2-x}Pb_xSr_2Co_2O_y$ system[J]. J. Appl. Phys. 2002,91(7):4344-4347.

[62] J J Shen,X X Liu,T J Zhu, et al. Improved thermoelectric properties of La-doped $Bi_2Sr_2Co_2O_9$-layered misfit oxides[J]. J. Mater. Sci. 2009, 44:1889-1893.

[63] Z H Li, G Chen, J Pei, et al. High-temperature Thermoelectric Properties and X - ray Photoemission Spectra of Layered Co - based Oxides $Bi_{2-x}Ag_xSr_2Co_2O_{8-\delta}$[J]. 无机化学学报, 2008, 24(6):926-930.

[64] R Ang, Y P Sun, X Luo, et al. A narrow band contribution with Anderson localization in Ag-doped layered cobaltites $Bi_2Ba_3Co_2O_y$ [J]. J. Appl. Phys. 2007,102:073721.

[65] K Sakai, T Motohashi, M Karppinen, et al. Enhancement in thermoelectric characteristics of the misfit - layered cobalt oxide [(Bi, Pb)$_2$Ba$_{1.8}$Co$_{0.2}$O$_4$]$_{0.5}$CoO$_2$ through Pb-for-Bi substitution[J]. Thin Solid Films. 2005,486:58-62.

[66] K Sakai, M Karppinen, J M Chen, et al. Pb-for-Bi substitution for

enhancing thermoelectric characteristics of $[(Bi,Pb)_2Ba_{1.8}Co_{0.2}O_4]_{0.5}CoO_2$ [J]. Appl. Phys. Lett. 2006,88:232102.

[67] T Motohashi, Y Nonaka, K Sakai, et al. Fabrication and thermoelectric characteristics of $[(Bi, Pb)_2Ba_{1.8}Co_{0.2}O_4]_{0.5}CoO_2$ bulks with highly aligned grain structure[J]. J. Appl. Phys. 2008, 103: 033705(1-6).

[68] E Guilmeau, M Pollet, D Grebille, et al., Neutron diffraction texture analysis and thermoelectric properties of BiCaCoO misfit compounds[J], Mater. Res. Bull. 2008, 43:394-400.

[69] E Iguchi, S Katoh, H Nakatsugawa, et al. Thermoelectric Properties (Resistivity and Thermopower) in $(Bi_{1.5}Pb_{0.5}Ca_{2-x}M_xCo_2O_{8-\delta}$ ($M = Sc^{3+}$, Y^{3+}, or La^{3+})[J]. J. Solid State Chem. 2002,167:472-479.

[70] 田莳. 材料物理性能[M].北京：北京航空航天大学出版社,2004.

[71] 吴清仁, 文璧璇. 陶瓷材料导热系数测量方法[J]. 佛山陶瓷, 1995 (2): 40-42.

[72] 万闪闪, 陆琳, 张辉, 等. 稳态平板导热仪最优预热时间的确定[J]. 热科学与技术, 2006,5(2):180-183.

[73] 葛山, 尹玉成. 激光闪光法测定耐火材料导热系数的原理与方法[J]. 理化检验-物理分册, 2008, 44 (2): 75-78,96.

[74] 孙建平, 刘建庆, 邱萍, 等. 激光闪光法测量材料热扩散率的漏热修正[J]. 计量技术, 2008(1):23-25.

[75] 薛健, 张立. 激光脉冲法测量热扩散率技术在材料科学中的应用[J]. 粉末冶金材料科学与工程, 1997,2(3):163-173.

[76] S Li, R Funahashi, I Matsubara, et al. High temperature thermoelectric properties of oxide $Ca_9Co_{12}O_{28}$[J]. J. Mater. Chem. ,1999,9:1659-1660.

[77] M Masashi, A Naoko, G Emmanuel, et al. Effect of Bi substitution on microstructure and thermoelectric properties of polycrystalline $[Ca_2CoO_3]_pCoO_2$[J]. Jpn. J. Appl. Phys. , 2006,45:4152-4158.

[78] 王东立, 陈立东, 柏胜强, 等. Sm 掺杂对 $Ca_3Co_4O_{9+\delta}$ 基化合物高温热电性能的影响[J]. 无机材料学报, 2004(6):1329-1333.

[79] Y Liu, Y Lin, Z Shi,et al. Preparation of $Ca_3Co_4O_9$ and improvement of its thermoelectric properties by spark plasma sintering[J]. J. Am. Ceram.

Soc. 2005, 88: 1337.

[80] H Itahara, W Seo, S Lee, et al. The formation mechanism of a textured ceramic of thermoelectric [Ca_2CoO_3]$_{0.62}$ [CoO_2] on $\beta-Co(OH)_2$ templates through in situ topotactic conversion[J]. J. Am. Chem. Soc. 2005, 127: 6367.

[81] Y Zhou, I Matsubara, S Horii, et al. Thermoelectric properties of highly gain-aligned and densified Co-based oxide ceramics[J]. J. Appl. Phys. 2003, 93: 2653.

[82] F K Lotgering, Topotactical reactions with ferromagnetic oxides having hexagonal crystal structures[J]. J. Inorg. Nucl. Chem. 1959, 9: 113.

[83] E Guilmeau, M Mikami, R Funahashi, et al. Synthesis and thermoelectric properties of $Bi_{2.5}Ca_{2.5}Co_2O_x$ layered cobaltites[J]. J. Mater. Res. 2005, 20: 1002-1008.

[84] S Li, R Funahashi, I Matsubara, et al. Synthesis and thermoelectric properties of the new oxide materials $Ca_{3-x}Bi_xCo_4O_{9-\delta}$ (0<x<0.75) [J]. Chem. Mater. 2000, 12: 2424-2427.

[85] J Cheng, Y Sui, H Fu, et al. Fabrication and thermoelectric properties of highly textured $NaCo_2O_4$ ceramic[J]. J. Alloy. Compd. 2006, 407: 299-303.

[86] Ji-Woong Moon, D Nagahama, Y Masuda, et al. Anisotropic thermoelectric properties of crystal-axis oriented ceramics of layer-structured oxide in the Ca-Co-O system[J]. J. Ceram. Soc. Jpn. 2001, 109: 647-650.

[87] M Sopicka-Lizer, P Smaczynski, K Koziowska, et al. Preparation and characterization of calcium cobaltite for therelectric application[J]. J. Eur. Ceram. Soc. 2005, 25: 1997-2001.

[88] Y Miyazaki. Crystal structure and thermoelectric properties of the misfit-layered cobalt oxides[J]. Solid State Ionics, 2004, 172: 463-467.

[89] H Fjellvag, E Gulbrandsen, S Aasland, et al. Crystal Structure and Possible Charge Ordering in One-Dimensional $Ca_3Co_2O_6$[J]. J. Solid State Chem. 1996, 124: 190-194.

[90] M Mikami, R Funahashi. The effect of Ag addition on electrical properties

of the thermoelectric compound $Ca_3Co_4O_9$ [J]. J. Solid State Chem. 2005, 178:1670.

[91] I Terasaki, I Tsukada, Y Iguchi. Impurity-induced transition and impurity-enhanced thermopower in the thermoelectric oxide $NaCo_{2-x}Cu_xO_4$ [J]. Phys. Rev. B 2002,65:195106(1-7).

[92] K Park, K Y Ko, J Kim, et al. Microstructure and high-temperature thermoelectric properties of CuO and NiO co-substituted $NaCo_2O_4$ [J]. Mater. Sci. Eng. B 2006,129:200-206.